U0142586

隱喻廣告：理論、研究與實作

吳岳剛

ygwu@nccu.edu.tw

美國德州奧斯汀大學廣告碩士，文化大學美術系學士。

出生在那個「碩士還進得了大學教書」的年代。為了不被時代淘汰，所以努力扮演好大學老師的角色。曾任銘傳大學商業設計系講師、副教授、系主任，台灣科技大學工商業設計系副教授，現任教於政治大學廣告學系。

獻給神主

感謝您的引領、賜福與庇佑

根據我自己做的簡單內容分析，在2007年的坎城廣告獎206則平面作品中，有90則（43.7%）是隱喻。這麼常見的溝通手法，在廣告學門中所獲得的關注，相對來說十分有限。我們對於隱喻廣告的了解大都集中在「隱喻」上，而且這些知識主要是來自其他學門。所以嚴格說來，我們對於隱喻廣告的研究還在起步的階段。

為什麼來自其他學門的隱喻知識幫助有限？因為廣告中的隱喻是透過圖像與文字的互動（以下簡稱圖文互動）表現出來，而不是透過語文直接說寫出來。以上述2007年坎城廣告獎為例，獲獎的平面作品，沒有一則把隱喻寫在標題裡。

透過圖文互動傳達隱喻對於隱喻研究有兩層意涵。首先，圖文互動本身是一種特殊的溝通方式，不是每個人都熟悉它的技巧。在我的教學經驗裡，儘管在語文中運用隱喻是司空見慣的事，但是當學生有需要透過圖文設計把隱喻表現出來的時候，多數人會感到困難。很多時候，一個隱喻因為在廣告裡「演不出來」或者「演得不夠妙」而必須放棄，是十分常見的現象。

其次，由於人們是「先」看到圖文設計「後」拆解其中的含意，而圖文互動又有很大的表現空間，所以一則隱喻廣告的效果，受到「隱喻」和「廣告設計」的相互影響。舉例來說，第18頁是一則我的學生為「提倡路權觀念」所設計的廣告。把這個隱喻寫成「在都市裡騎自行車就像在懸崖上那麼危險」，比起「親眼見到」自行車與懸崖被如此巧妙的合成在一個空間裡，同樣的隱喻是否帶給大家不同的感受呢？假若圖像的部分設計得更糟或是更好一點，是否影響大家對這則廣告的觀感呢？

圖文互動所帶來的學習門檻，以及圖文互動對人們接收隱喻廣告訊息的影響，至今在廣告學界中還沒有深入而有系統的研究可以解答，使得如何創作有效的隱喻廣告，變成一個主觀、個人體會的學習過程。為了滿足我教學和創作上的需要，過去七年我把研究心力投注在這個主題上，想要知道隱喻是怎麼回事？隱喻怎麼表現在廣告裡？隱喻廣告有沒

有效？

具體來說，本書包含幾個研究重心：

1. **隱喻運作的機制（第一章）**。許多學者用心理學的「類比」（analogy）理論來解釋隱喻的運作。我在蒐集文獻的過程裡也發現類比理論可以簡明扼要的區分不同的隱喻之間的差異，並且很容易應用在教學和創意發想上。因此這幾年來，我習慣以類比的概念來思考隱喻。我常把「邏輯關聯性」畫成泡泡，兩個一組，構成一層「關聯性」；關聯性層層相疊，構成高、低階的關聯性（請見下圖，細節請見第22頁）。讀者可以在本書中一再看到我利用類比理論分析、檢查和篩選學生發想的隱喻。透過這種方式討論隱喻創意，師生很容易溝通，對教學很有幫助。此外，透過類比理論，隱喻可以細分成「外觀相似」（mere appearance）、「關係相似」（relational similarity）、「實質相似」（literal similarity）。我借用這個分類來教學，讓學生更清楚發想不同類型隱喻的重點在哪裡。我也借用這個分類來做研究，觀察隱喻演變的趨勢。

2. **表現形式的分類（第二～四章）**。在教設計和做創作的過程

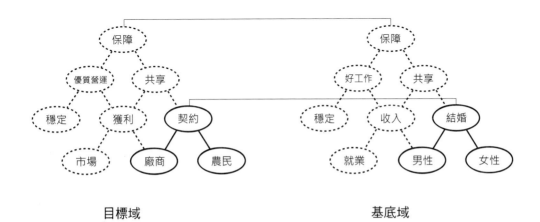

目標域　　　　　　　　　　　基底域

我常用這樣的關聯性組織圖來說明兩個比較的事物或概念之間「邏輯關聯性」的對應關係。

中，表現形式一直扮演關鍵的角色。釐清自己創作的是哪一種形式，才知道設計的重點在哪裡，想要突破的時候也才有個施力點。在這方面，我首先整理了前人的分類，並且抽樣上千則廣告，用內容分析法（content analysis）調查他們適不適合應用在廣告裡、能不能區分隱喻廣告的差異。結果我發現這些分類會產生太多廣告集中在特定類型的現象，代表他們在區辨隱喻廣告上沒有太大的幫助。這就好像用頭髮的顏色來區分亞洲人會發現絕大多數人都落入黑頭髮這一類，對認識亞洲人之間的差異沒有太大幫助一樣。因此，我嘗試發展一套區分隱喻廣告的分類系統。經過調查，隱喻廣告在這個新的分類中，出現頻率相對的顯得較為平均。更重要的是，這個分類是以隱喻兩個比較的事物是具象或抽象為根據，對設計教學和創作更有幫助。

3. **隱喻廣告的效果（第五～八章）**。隱喻廣告到底有沒有效？是一個很實際的問題。可惜在我的知識範圍裡，目前的證據十分有限。有一部分的原因在於我們如何定義「有效」。對此，許多的研究針對「理解」而來，然而理解並非接受，聽懂一個人說話，不見得接受他說的話。少數廣告學者以廣告態度（attitude toward the ad）或品牌態度（attitude toward the brand）來測量，但因為（1）對一則廣告或一個品牌產生好感，可能來自廣告「說什麼」（內容、隱喻）也可能來自廣告「怎麼說」（形式、圖文表現），所以（2）對一則廣告或一個品牌產生好感，不見得代表我們接受廣告或品牌的主張。因此，對於隱喻效果的研究，我聚焦在「人們接受廣告論點的程度」，並且鎖定圖像設計（表現形式）、賣點是否可以在購買前驗證、廣告主可信度、和廣告內文，觀察在什麼樣的情況下，隱喻廣告有什麼效果。

4. **從「廣告創意」的高度看隱喻廣告（第九章）**。研究隱喻在溝通上扮演的角度，前提是廣告的目的是說服。但是，隨著消費

者從被動的接收商品訊息轉變為主動在網路上交換使用經驗（因此從某個角度看消費者從訊息接收者變成訊息提供者）；廣告的角色的確在改變。廣告，尤其是傳統媒體上的廣告，不見得需要「說服」；它常常只需要引起注意，人們有需要的時候自然知道上哪兒去取得資訊。在這樣的時代背景下，至少有一部分的廣告在質變。廣告不再注重態度、觀念的改變，許多廣告開始聚焦在別出心裁的溝通方式，希望爭取到注意力，然後把溝通的細節交給其他媒體。對於這種「別出心裁的溝通方式」，我從「處理廣告訊息所產生的特殊經驗」（統稱處理經驗）的角度看待，並且根據人們感知訊息的過程，區分出感官經驗、認知經驗和價值經驗。如果我們可以接受現代廣告的角色不全是溝通和說服（當然還是有許多廣告是在溝通和說服），那麼我們就有機會看見一些「傳統溝通手法的現代樣貌」（包含隱喻）。本書在幾個以「溝通」的角度看隱喻的章節之後，再提出處理經驗的角度，就是希望更完整的掌握現代廣告中的隱喻。在處理經驗的脈絡下，隱喻適合用來經營感官經驗和／或認知經驗。

5. **實作（第十章）**。對我來說，實作是研究成果的一部分。從設計教學和創作的需求出發，很自然的，最後我的目標就是把研究成果實踐在教學和創作的過程中。只有這樣，研究對我才有價值。書中每一個章節結尾都有優秀的學生作品，用來說明那一個章節的論述如何對教學產生幫助。這些案例都是沒有經過預先安排，他們取材自生活中我如何與學生就隱喻的不同面向進行討論，是十分真實的教學經驗。此外，本書最後一章集結了近年我個人的作品，以及我指導的學生獲得國內、外廣告獎的作品，更具體的展現我的研究，如何對實質的創作產生幫助。對我來說，實作是我研究真正的試煉，這幾年獲獎的作品很適合看成我研究成果的延伸。

這本書不是教科書。身為一本學術專書，其重點在於創新和貢獻。接下來我從這兩個角度看這本書，希望更清楚的呈現本書在目前知識版圖中的定位。

首先，在創新的部分：

1. **用科學知識解析隱喻廣告創意**。廣告「有創意」一直是難以客觀評斷或分析的現象。對於有創意的隱喻廣告，在「隱喻」的層面上本書首先透過類比理論將一個有待比喻的概念簡化為「有系統的邏輯關聯性」，再篩選或檢查用來比喻的事物，以產生最適切的隱喻（實例散見於本書各章，第九章有完整案例）。在「表現形式」的層面上，本書透過內容分析法找出現代隱喻廣告表現形式的演進趨勢、以「視覺失衡」衡量表現形式的差異（第三章）。這些讓我們得以掌握現代隱喻的樣貌，在創作時有個具體的方向可以依循和突破。

2. **以實驗法檢驗「創意」在溝通上的效果**。創意，也就是廣告「怎麼說」（有別於說什麼），在廣告實務上一直扮演核心的角色。然而花那麼多心力想創意到底有什麼價值？本書從這個角度出發，觀察隱喻對於溝通有什麼實質的影響。本書的實驗為同樣的商品訊息操弄出隱喻和「直接陳述」（沒隱喻）版本，並且使用盡量貼近真實生活的實驗廣告，就好像把創意這種飄忽的東西放到實驗室培養皿上比較、觀察一樣（第六、七、八章）。此外，對於隱喻廣告「表現形式」這類視覺溝通的創意，在操弄上更是挑戰性十足，本書巧妙的為「同樣隱喻」操作出結合、並置等形式，觀察圖文設計對於廣告效果的影響，並且引用相關的理論加以解釋（第五章）。這在我所蒐集的文獻裡，還沒有前人做過。

3. **從處理經驗的觀點，將隱喻和其他創意手法做一個有系統的整理**。將創意手法整合在「處理廣告訊息所產生的經驗」的概念下，各種創意手法之間的關聯性變得有系統，而且更能區別不

同手法之間的差異。例如，故事、代言人和隱喻原本是截然不同各的創意手法，但是在處理經驗之下，他們都可以被用來操作感官、認知和價值經驗，端看廣告的目標是什麼、哪一個比較能勝任。此外，在創作廣告之前先釐清使用的是哪一種創意手法，更能專注在重要的環節上，忽略不重要的環節（如操弄感官經驗的時候，不用管廣告有沒有insight）。這一套系統，據我所知，也是一個突破。

4. **創意的發想和評估成為一個有系統的搜尋過程。**綜合以上三點，廣告的創作從原本狂放不羈、適合各自體會的私密心智活動，變成是有道理、有脈絡可循的「找尋與揀選過程」。與那種「事後諸葛的解析優秀作品」學習方式比起來，我的研究成果若是用在教學或實作上，可以在創意發想的階段幫助創意人有系統的搜尋點子，也可以在找到一些點子之後用來評估這些點子之間的差異（見第九章案例）。這方面的突破在創意教學上是很迫切需要的。

其次，在貢獻的部分：

1. **在創意教育上，教「隱喻廣告」不再霧裡看花。**在教學上常見的問題是，同樣是隱喻廣告，有的得金獎，有的得佳作，有的連得獎都沒有。對此，本書首先把隱喻廣告的優劣區分成隱喻和廣告表現兩大層面，然後深入其中，了解類型、機制、現況和效果，讓「有創意」的標準變得「有道理」。

2. **在研究方法上，「類型、機制、現況與效果」是揭開廣告創意神秘面紗一種有成效的研究模式。**研究創意的困難之一在於它五花八門，同樣的，研究隱喻廣告也是如此。本書利用內容分析法找出「類型、機制和現況」，再利用實驗法檢驗類型的「效果」，漸漸為隱喻廣告整理出一個有跡可循的系統。這為其他廣告創意的研究提供一種「研究模式」，也是一個貢獻。

3. **在學術研究上，把「形式」變數引介到隱喻的研究中。** 近代認知語文學方面的研究發現隱喻與思考息息相關，語文只是隱喻思考表露在外的現象。本書把廣告視為隱喻思考的另一種外顯行為，並且證實相同的隱喻透過不同的形式表現，會影響人們對於隱喻的觀感。此一觀點和研究方向有助於傳播、廣告學門深入掌握隱喻廣告的運作。此外，對於設計學門來說，證實「表現形式在廣告溝通上具有不容忽略的效果」，在視覺溝通的時代中顯得格外有意義。

4. **在管理實務上，把「創意管理」連上消費者的期望和經驗。** 從處理經驗的角度看廣告創意，意味著廣告創意是「消費者期待」導向的思考，因為人們先前觀看廣告的經驗會影響他們如何理解、欣賞和評估後續的廣告。所以「經驗」是一個消費者導向的管理思維。在這個架構下，所有的創意手法可以被歸納到一個或一個以上的處理經驗中，並且在那個經驗領域裡根據消費者的期待去斟酌和改進。在這裡隱喻至少可以操弄感官經驗和認知經驗，至於如何產生「有價值的經驗」，要看目標視聽眾的期待和品味。同樣的隱喻，對年輕人有趣，對中年人未必。「處理經驗」對隱喻以及所有廣告創意的管理是很有幫助的一個觀點。

5. **在創作實務上，具體展現如何透過理論的幫助，創作出可以獲獎的廣告。** 得獎，總是有幾分運氣。但是我的學生2003、2004得到金犢獎的金獎，2006、2007、2008得到4A自由創意獎金獎（外加許多的銀銅獎和佳作），在這些動輒數千人參加的比賽中，偶然或運氣的成分應該是比較少的。我認為這本書在「成功的實踐理論」上是一個貢獻，其實踐的方法和成果都具有參考價值。

這本書是我過去幾年教學和研究的成果。由於教學和研究都是成長的過程，因此這本書適合看成「探索之旅的開端」，其中的論述、觀點和研究結果若有不合理甚至訛誤的地方，請讀者多多包涵，並且把它看成是你或我另一段探索之旅的開始。

　　我要感謝參與這段探索之旅的成員。我的第一位研究生賴艾如，是她對隱喻廣告的興趣，帶我進入隱喻的世界。我在台灣科技大學工商業設計系服務時，幾位與我共事的研究生：候純純、黃芷晴、詹弼勝、邱玉欽、呂庭儀，那是我在台科三年的美好回憶。其他族繁不及備載的，還有那些修我的課、參與我帶的畢業製作和私下問我「老師我可不可以看看你的作品集？」的政大學生。天下事沒有偶然；你們用各種方式督促我，也間接促成了這本書的誕生。

吳岳剛　謹識

2008・夏

大尺寸的獎座和獎牌請見第332-335頁

我每天走這條路上班，懸崖形成的原因，不是板塊推擠，也不
而是因為人與車對自行車騎

冰河作用，
的不尊重。

尊重人　尊重騎自行車的人

自行車通勤
Commute by Bike

作者：梁可依、黃柏超，詳細的介紹請見第114頁

目錄

目錄

第一章

廣告、隱喻與運作機制

1

　　2005年一月一日，富邦銀行與臺北銀行正式合併為「臺北富邦銀行」。根據富邦金控董事長蔡明忠的分析，「官股銀行的資產市佔率較大，但並非市場的領導者；而民營業者經營績效高，卻苦於市佔率不夠」。所以兩家銀行的整併「具有追求更大成本效益、提升經營綜效的實質貢獻」（呂清郁，2005）。2005年一月三日，臺北富邦銀行在中國時報上刊登了一則平面廣告，說明了合而為一的優勢（圖1-1）。這則廣告呈現二位雙手緊握在一起的空中飛人，文案寫著：

　　這是一種絕對的信任

　　節奏同步　心跳一致

　　超越兩個個體　成為一個整體

　　沒有彼此　沒有隔閡

　　只有　無間的默契

　　臺北銀行、富邦銀行　聯手力量　超乎想像

（取材自2005年1月的自由時報）

圖1-1　台北富邦銀行以空中飛人隱喻兩家銀行的合併

隱喻廣告的特色

對消費者來說，兩位空中飛人代表兩家銀行，兩人之間的信任和默契意味著兩家銀行合作無間，而結合兩個人的努力可以展現令人嘆為觀止的演出，可以推論新銀行的服務令人期待。在理解這個廣告的過程中，讀者用「空中飛人」來理解「銀行合併」。這，就是隱喻廣告。具體來說，隱喻廣告的運作是將兩個原本不相干的事物或概念相提並論，透過其間關聯性（relations）的相似，帶領人們利用熟悉的知識吸收陌生的知識，以提升溝通的效益。

隱喻廣告越來越常見（吳岳剛與呂庭儀，2007），因為在廣告中使用隱喻具有以下的好處（Boozer, Wyld & Grant, 1992）：

1. **化抽象為具象**。合併、默契、信任，都是抽象的概念，即便「銀行」本身也是。透過空中飛人，這些抽象的概念變成像「特技表演」那樣歷歷在目。

2. **化繁為簡**。所謂的「繁」，指的是「以信任為基礎 → 兩個組織整合在一起 → 默契 → 表現比以往更好」這一串因果關係。而「簡」，則是「空中飛人表演」。

3. **化陌生為熟悉**。因為空中飛人是十分普遍的生活經驗，銀行整併不是，所以空中飛人的默契和信任，可以讓銀行之間原本令人陌生的關係，變得熟悉。

4. **化熟悉為新奇**。在另一則主打「定存兩個月，給你雙倍利率」的廣告中，台北富邦用兩隻交配的豬公撲滿來隱喻，標題寫著「富邦最會生利息」；讓「生利息」這件人們熟悉的事有了新的觀看角度，也顯得新奇有趣。

5. **提升銷售訊息的一致性**（coherence）。除了傳達特定訊息，隱喻也可以用來當作廣告活動（campaign）的主軸。例如2007年坎城廣告的「整合行銷」獎是頒給AXE3香水。這一波行銷活動主打「混合AXE1和AXE2，產生獨特的AXE3香味」，以提升AXE1和AXE2香水的銷售量。為了推廣Mixable fragrances這個用途，代理商將其轉換為Mixable women來隱喻，並且整合許多媒體共同傳遞這個觀念。在電視廣告上主打噴了AXE3的男主角所到之處，兩個不同類型的美女衝撞、

爆炸，煙霧消散之後，產生一位「混合型」的美女。戶外廣告則彈
性的根據廣告看板附近經常出現的女性類型，推出當地的混合型美
女。在這裡，混合兩種香味可以產生獨特的香味是一種抽象的概
念，將香味透過女性具象化之後，兩種不同的美女可以混合出第三
種美女變得明確、新奇、吸引人，而且很容易運用在各種媒體上。
他們甚至讓這些「混合美女」成真，她們上廣播節目接受訪問，並
且在街上拉票！

　　這些好處，除了讓隱喻成為常見的廣告手法，還讓隱喻被廣泛的
使用在其他的行銷溝通管道上。隱喻常用來當作品牌名稱，讓消費者很
快的掌握商品的特色，如中華電信攔截情色網頁的服務叫做「情色守門
員」。當年這個服務還很新的時候，「守門員」讓人可以很快掌握它的
重點。在品牌定位上，將手機定位為「行動劇院」或「行動辦公室」，
帶領消費者從兩種不同的角度期待手機的功能。這方面，房地產可以說
是最懂得善用隱喻的產業，翻開報紙，藉隱喻命名並且行定位之實的案
例處處可見，名為「優勝美地」的建案，其房屋造型、宣傳走向，都不
同於命名為「層峰」的建案。此外，隱喻還盛行於商品設計（如Mr. P
人型桌燈、文具）、品牌識別設計（如宅急便的黑貓）、包裝設計（人
體造型的香水瓶），在許多層面輔助一個品牌的行銷溝通活動。

　　廣告主依賴隱喻傳達訊息，除了著眼於隱喻對於溝通的助益之外，
至少受到有兩個環境因素的影響。首先，媒體的數量越來越多，消費者
對於廣告的注意力越來越少而且零散（Sacharin, 2001／岳心怡譯，2002
；Davenport & Beck, 2001／陳琇玲譯，2002）。這個時候，需要一些能
夠在有限的時間之內傳遞（相對）複雜訊息的溝通手法。以台北富邦銀
行為例，空中飛人將信任、一體、默契、聯手的力量等概念有系統的組
織起來，簡單、清楚的解釋「合併」的好處。如果沒有隱喻，解釋這些
複雜的關聯性會是個很大的挑戰，更遑論在視覺上具體的呈現、在腦海
裡留下鮮明的印象。

　　其次，廣告越來越多，連帶著消費者也越來越懂得看廣告（Phillips
& McQuarrie, 2002），所以現在的廣告可以用一些比較「玄」的溝通手
法，不需要說得很白，人們就能意會。現在許多廣告不寫內文，即便寫
了內文也不再解釋圖文的創意，就是著眼於此[1]。隱喻是一種偏離平時

溝通經驗的說話方式，人們需要繞個圈子想一下才能弄懂，然後產生一種「啊哈」的「意會快感」。這種快感可以視為消費者費心處理廣告的「報酬」，有些時候，經營意會的快感甚至成為整個廣告創意的主要挑戰[2]。廣告中的隱喻不只像語文中的隱喻一樣偏離平時溝通的經驗，而且還可以在圖文設計上讓人耳目一新（請見下節對於圖1-4的討論），是一種十分適合用來經營意會快感的廣告手法。

在廣告中運用隱喻的第一步是了解隱喻運作的原理，以便於尋找、篩選適切的隱喻。然而了解隱喻運作原理本身就是一個挑戰，因為隱喻的文獻遍及哲學、語言、教育、心理……等領域，這麼多的知識不只難以全面消化，即便消化了也未必對創作有實質的幫助。對此，根據過去的教學和創作經驗，我發現心理學的「類比」（analogy）理論能夠精簡、明確、而有系統的拆解人們理解隱喻的過程，適合用來評估隱喻的適切性。在廣告學（Stern, 1990; Boozer, Wyld & Grant, 1992; Phillips & McQuarrie, 2004）和認知心理學（Gentner & Markman, 1997; Gentner, Bowdle, Wolff & Boronat, 2001）領域裡，都有學者以類比來解釋隱喻的運作。Read等人（1990）認為，類比理論是解釋隱喻最明確的心理模式之一。

類比：隱喻運作的機制

根據類比（analogy）理論，隱喻相提並論的事物或概念，代表兩個知識結構（knowledge structure）[3]。隱喻的運作，是在知識結構之間進行「映射」（mapping）。譬如「男人是狼」的隱喻，人們首先映射「掠食」的關聯性，然後映射男人與狼、女人與獵物。接著，將狼基於本能掠食獵物的特質推論到男人身上，得到「男人基於本能地掠食女人」（men instinctively prey on women）之類的詮釋（Gentner & Bowdle, 2001；圖1-2）。在這過程中，人們利用熟悉的知識理解陌生的知識，讓原本男人與女人之間抽象的關係，轉換成狼與獵物之間具體的關聯性。

類比是人們學習與解決問題的重要機制，所以類比與思考息息相關（Gentner & Holyoak, 1997）。Gentner與Markman（1997）認為「類比就像類似」（analogy is like similarity），在比較兩個人、兩件事、兩個東西是否「類似」的時候，人們同樣是在兩者之間進行映射。由於對於

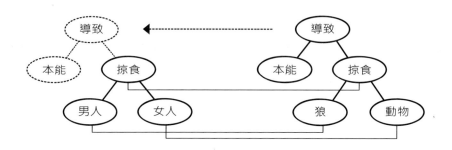

圖1-2 「男人是狼」的映射過程，取材自Gentner & Bowdle（2001）

「類似性」的判斷，是認知活動中形成「類別」（category）的基礎（譬如判斷一隻飛進家裡的昆蟲是否有害、將一個新朋友歸類為好相處的人），所以「類比就像類似」意味著「在兩個知識結構之間進行映射」是認知活動中很重要、也是很根本的一部份。Holyoak與Thagard（1997）將類比的應用拓展到「模範角色」（role model）的選擇。當我們以某人為參考或仿效的對象時，常自問「在這個時候，換成是他會怎麼做？」此時，我們將自己、當前的處境映射到那個模範角色身上，並且以他的行為模式推測自己現在該如何應對。Klein（1987）例舉美國空軍的「可比較性分析」（comparability analysis）作業程序，說明類比如何用來預測戰機的零件庫存量。當一款新型戰機入伍服役，在沒有機件耗損的歷史資料可查的情況下，軍方從既有的機型中挑選性質最接近的戰機進行比較和推測。這種方法被應用在美國幾款先進的戰機包括F-15、F-16上，並且被證實是一套可靠、有效的方法。

由此可見，隱喻與類比在生活中處處可見。正因如此，人們很早就具備這種能力。學者發現學齡前的小朋友，就已經可以透過類比進行思考。Vosniadou與Schommer（1988）發現，五歲的小朋友就能夠利用類比來幫助理解。Gentner（1977）認為小朋友不是沒有能力在兩個知識結構之間映射，而是沒有足夠的知識去進行映射，所以她設計了小朋友易於了解的類比（樹幹與人類身體），並且透過圖像來呈現。如此一來，不管大人、小朋友，對兩個概念都具備相關知識，也不會受到語文

能力的影響。研究發現學齡前4-5歲和一年級的小朋友，對於隱喻的理解與成人無異。

　　正因為隱喻、類比、和思考的關係如此密不可分，在認知語言學領域裡，有學者蒐集、分析日常生活中人們使用語言的習慣，發現我們對於這個世界的知識，有許多是透過隱喻去理解和建構的。例如，我們習慣以「旅程」的概念來看「愛情」，所以兩個人可以「回首來時路」、「走得坎坷」、「走進死胡同」、「原地打轉」、走到「愛情的十字路口」（Lakoff, 1993:207）。事實上，旅程和愛情的關係是如此的密切，Kövecses（2002）認為在我們的知識體系裡，愛情是以旅程的形式存在的，以致於我們在談論愛情時已經無法避開旅程的概念。同樣的，在我們的知識裡「辯論」是以「戰爭」的概念建構而成，「想法」也如同「食物」一般。因而在辯論時一方可以「攻擊」另一方的弱點，過程中彼此進行「防衛」，以免論點被「推翻」；在學校「『咀嚼』老師提出的想法」、「『吸收』知識」、「『消化』上課所學」。

　　從這裡可以看出，思考是隱喻的本質，語文是隱喻思考的「表象」（surface realization; Lakoff, 1993:203）。同樣的，廣告如同語文，也可以視為隱喻思考的一種表達形式，差別在於隱喻在廣告中是透過圖像、文字、或兩者的互動來傳達。因此，我們可以將隱喻廣告分成「隱喻」跟「廣告表現」兩個層面來觀察；前者是兩個概念之間的關聯性，後者是圖文呈現的方式。對此，本書第三章有更完整的討論。

　　類比理論所謂的知識結構，指的是我們知識系統中具象事物或抽象概念的集合體。明確地說，知識結構是由實體（entities）、屬性（attributes）和關聯性（relations）組成（Markman & Gentner, 2000）。拿「肉食動物」這個知識結構來說，實體指的是狼、獵物。屬性指的是外在特徵，如體型「大」或「小」。關聯性指的是實體之間、屬性之間、或關聯性之間的邏輯關係，如狼與獵物之間的關聯性是「掠食」，而掠食這層關聯性與本能之間，又具有「導致」的關聯性。其中，肉食動物這個拿來做為理解依據的知識結構稱為「基底域」（base domain），男人／女人這個有待解釋的知識結構稱為「目標域」（target domain）；「掠食」屬於低階的關聯性，「導致」是高階的關聯性[4]。

　　將知識結構的組成元素區分出屬性和關聯性，有助於隱喻的分類。而區分出高、低階的關聯性，有助於評估隱喻的適切性。這是以下兩節的主軸。

隱喻的類型

　　隱喻可以因兩個比較的知識結構「像在哪裡」而有三種類型（Gentner & Markman, 1997）。首先，屬性上的相像稱為「外觀相似」（mere appearance/surface similarity），例如我們常用「鹹菜」來比喻很皺的衣物，就是取其外表特徵的近似。關係相似（relational similarity）指的是邏輯關聯性的類似，如上述「男人是狼」的隱喻。最後，實質相似（literal similarity）指的是兼具外觀和關係相似的比較[5]，例如用沙發比喻汽車座椅的舒適，兩者既有外表特徵的相似，又有「供人乘坐、講求舒適」的邏輯關聯性。以屬性和關聯性為座標，並且考量相似性的「程度」，三種隱喻的相對關係如圖1-3。

　　不同類型的隱喻，對於思考的幫助也不一樣。外觀相似淺顯、直接、而且一次解決，讀者不需要在相似處反覆推敲就能理解。在語文

8

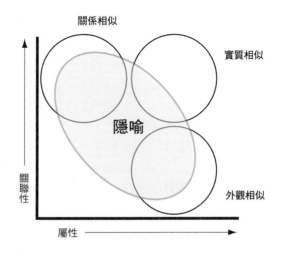

圖1-3　相似性空間與隱喻類型（改編自Gentner & Markman [1997]）[6]

中，處理這種隱喻我們從記憶中提取事物的心像（mental image），並且把比較的焦點集中在外表的特徵上（Gibbs & Bogdonovich, 1999）。在廣告中，外觀相似可以直接經由圖像表現出來，產生一種視覺趣味，如將March汽車與青蘋果並置，讓新上市的車體顏色更容易被看清楚。

關係相似是比較具有挑戰性的隱喻，人們必須對基底域有相當的瞭解，而且具備足夠的動機和能力，才能順利的找到邏輯關聯性的相似（Gregan-Paxton & John, 1997）。但是，關係相似卻也是理解和推理的關鍵。前面提到的模範角色，真正有價值的是「狀況→行為」之間的邏輯關聯性。同樣的，許多時候廣告常常涉及難以具體呈現的抽象概念，需要透過人們熟悉、具體的事物來溝通。例如，保力達B想要闡述「照顧自己的身體，路才走得遠」，不是三言兩語可以說得清楚，在一支以「漁船」為題的廣告中，船身堅固與抵擋風浪之間的因果關係，讓身體健康與路走得遠之間的關係變得更加具體：

> 遇過大風大浪，走過千里遠路，就是鐵打的身體，也需要有喘息的時候。沒有人比我們更瞭解，它需要修理和保養的地方，因為它跟我們一樣，裡外都要健康，未來才有希望。所以今天的照顧要仔細，明天的路才走得遠。

在這裡，「人」像不像「船」不是重點，只要兩者之間具有相同的邏輯關聯性，人們就有能力找到其間的相似處。而且，決定這個隱喻是否適切的，是其間邏輯關聯性是否環環相扣、有系統，而非人跟船相像的程度。請見下節探討。

實質相似兼具屬性和關聯性，人們可以藉由外觀的相似，聯想到關聯性的相似，所以實質相似是較具親和力（較容易理解）的隱喻類型。舉例來說，在理解保力達B「身體像漁船」的隱喻時，由於人的身體跟漁船一點都不相像，人們必須自行在「船」與「人」的相關知識中，揀選適當的關聯性（如「即便是鋼鐵打造的船身都會鏽蝕」和「再好的身體也會生病」），來理解隱喻的含意。但是，另一則汽車廣告用「沙發」比喻「座椅」的舒適就不一樣。由於汽車座椅在外型上本來就跟沙發沒差很多，人們很容易把沙發的柔軟對應到汽車座椅上，椅背比椅背、角度比角度、材質比材質。從這裡可以看出，兼具外觀與關係相似

的隱喻，讓人們比較「好比」。

　　值得注意的是，類比理論裡所謂的屬性（外表特徵）相似，如果涉及事物的比較（如汽車座椅像沙發），指的是在一般人知識中，典型的外表特徵相似[7]。在這些情況下，相似的外觀具有「提示」的效果，有助於「發現」相似的關聯性。然而在廣告裡，根據我的研究，這類的實質相似並不多見（詳見第三章）。廣告裡的實質相似，外表特徵上的相似常常是經由創意人的巧思或影像處理「設計」出來的（而不是一般人知識中，典型的外表特徵相似）。以圖1-4的3M踩腳墊廣告為例，在語文裡說「鞋子像砂石車」，一般人大概很難想像兩者的外觀有何相似之處，但是在廣告裡，創意無所不能，兩者可以被處理得維妙維肖。這種「人為的外觀相似」，可以說是廣告中的隱喻最不同於語文中的隱喻之處，並且衍生出許多的現象以及有待探究的問題。本書第二章會再回到這個主題，以揭開後續章節的序幕。此外，本書第五章特別鎖定隱喻廣告的表現形式進行研究，屆時會有更深入的探討。

　　此外，從圖1-3可以看出，相似是有「程度」之分的。如果兩個比較的事物外觀和關聯性的相似程度不是很高，那麼實質相似是一種隱喻的類型，例如「汽車座椅像沙發」（或是Gentner〔1988〕實驗中的「樹幹像吸管」，見第14頁）。但是，隨著屬性與關聯性相似程度逐漸增加，隱喻比較的事物或概念「原本不相干」（跨知識領域）的特質也開始降低，導致「類比」（analogy）漸漸變成「類似」（similarity）。換句話說，太多的屬性、關聯性相似，會讓實質相似離開「比喻」（隱喻）的範圍，變成「比較」[8]。例如，把一個人跟「超人」相提並論，兩者來自同一個知識領域（都是「人」），共享極高的外表特徵和關聯性，「比喻」的意味很淡，也就不容易讓人感到驚奇。或者，我再舉一個極端的例子，一對雙胞胎兄弟無論長相、個性都很像，用哥哥來比喻弟弟，很明顯的離開比喻的範圍，成為比較。

　　從這裡可以看出，當兩個比較的事物之間外觀和關係相似的程度較低、同質性沒有那麼高的時候，我們可以稱之為比喻（隱喻）；當外觀和關係相似程度以及同質性都很高的時候，我們可以稱之為比較。因此在圖1-3裡我把一部分的實質相似包含在隱喻裡，以凸顯某些隱喻兼具外觀和關係相似的現象。

（取材自第21屆時報金像獎年鑑，時報廣告獎執行委員會〔1999:105〕）

圖1-4　鞋子與砂石車在3M廣告中經過巧妙的設計具有「人為的外觀相似」

　　區分三種隱喻的類型，讓我們更能掌握隱喻的特色。在語文中使用外觀相似的隱喻，需要需要人們可以想像比較的事物像在哪裡。我們常用「鹹菜」來比喻褲子很皺，就是因為「典型的」鹹菜就很皺，大家很容易想像。假若換個東西比喻，說褲子皺得像苦瓜，人們想像不到，隱喻就沒有那麼妙了。關係相似的隱喻講究關聯性的「系統性」，請見下節討論。至於實質相似，若是想要保有隱喻的意味，需要在外觀、關係之外，把握兩個比較的事物「原本不相干」的特性（也就是兩個知識領域距離夠遠，請見下節討論）。另一方面，某些實質相似其實已經離開隱喻的範疇，從比喻逐漸變成比較。此時兩個事物原本不相干所產生的驚奇也慢慢降低，隱喻式廣告變成「比較式廣告」了。

　　此外，不同類型的隱喻有不同的「用途」。外觀相似用來「形容」。把褲子想像成鹹菜，我們藉由彼此心裡的「影像」做為溝通的媒介，

省去很多描繪的工夫，而且讓平淡的語文變得更生動有趣。關係相似用以「說理」，讓複雜的關聯性變得簡單易懂。可想而知，當我們要闡述觀點或說明抽象概念的時候，特別需要用到關係相似的隱喻，包括廣告。最後，實質相似（此處指的是「比喻型」而非「比較型」的實質相似）同樣用於說理，只是多了外觀相似的「提示」，如汽車座椅像沙發，讓人們易於找到兩者之間的關聯性。

適切的隱喻

儘管生活中人們理解隱喻的過程是那麼的自然而不費力，把這個過程「理論化」卻是十分具有挑戰性的。對於從事廣告創作的人來說，我們關心的不是人們如何理解隱喻，而是了解人們如呵理解隱喻對於創作有什麼幫助。在這方面，隱喻文獻可以整理出兩個指導原則：（1）兩個知識領域的距離夠遠，（2）兩個知識共享有系統的關聯性。

一、兩個知識領域的距離夠遠

從認知心理學的「類比」觀點看，隱喻是透過一個知識結構去理解另一個知識結構。在認知語言學裡，這樣的現象稱為「跨概念領域的比較」（cross conceptual domain comparison; Lakoff & Johnson, 1980），亦即前文提到的，兩個相提並論的事物或概念「原本不相干」。因此，「跨」（知識領域）的距離，是評估隱喻適切性的條件之一。Halpern等人（1990）認為，太過相近的事物會讓人把心力放在外表、片面的相似處上，忽略潛在的關聯性。截然不同的事物缺乏外表相像的干擾，會迫使人們從中尋求關聯性的相似。他們在實驗中以「科學知識的來源」操作「跨領域」的距離。對於「淋巴」來說，以「血液」來比喻屬於「近領域」，以「海綿」來比喻屬於「遠領域」。實驗結果發現，遠領域的類比在未提示記憶、提示記憶上，都顯著優於近領域。受測者對於遠領域測試物（三篇科學短文）的理解程度比較好，推理的能力也比較強。

Trick與Katz（1986）認為知識領域的差異可以再細分為「領域內」和「領域間」的距離。拿「戰鬥機是獵鷹」這個隱喻來說，領域內距離

指的是戰鬥機和獵鷹在「飛機」和「鳥類」這兩個知識領域中，與其他飛機和鳥類的相對關係（位置）；而領域間距離，則是飛機跟鳥類這兩個知識之間的關係。他們選擇六個知識領域，再從中衍生出18個事物，讓受測者用17個形容詞評估這些事物。透過因素分析法萃取出構成語意空間的面向，並且計算這些事物在這個空間裡的距離之後，他們發現隱喻的「可理解性」和「適切性」這兩個變數，都和領域內距離成負相關，和領域間距離成正相關[9]。換句話說，在使用隱喻的時候，兩個比較的知識領域距離越遠，人們就越感覺隱喻貼切而且容易理解。

這些研究凸顯「跨」概念領域的重要，用超人比喻一個人，沒有跨出「人」這個知識領域，不會讓我們感到驚奇，對於理解的幫助也不高。相對的，飛機與鳥類離得夠遠，人們原先沒想到兩者之間的關連性，有助於產生驚奇，並且提升隱喻的適切性[10]。

在我的教學經驗裡，學生創作隱喻廣告的第一個難處在於分不清楚比喻和比較，也就是兩個相提並論的知識領域離得夠不夠遠。最近，我有學生以「農業精品」為題，想要透過廣告傳達「豐收是農民的負擔」的訊息（因為產量過盛導致賤價求售以及血本無歸）。她們想到一個廣告，畫面呈現一顆結實累累的果樹，枝葉因為果實太多太重而垂垮下來。這樣的景象可以被解釋成「農民就像果樹，過多的果實壓垮果樹，就像豐收對農民造成的負擔」。然而，由於兩個比較的知識領域離得不夠遠，同樣的畫面也很容易被看成「誇張的呈現產量過盛的果樹」，想像不到果樹在隱喻農民。這個例子凸顯了，在同一個知識領域裡，事物彼此習習相關，人們未必能注意到邏輯關聯性的相似；而且即便經過引導而注意到「關係相似」，也不會有豁然開朗的「意會快感」。

此外，這個隱喻沒有適切的表達「產量多，收入反而少」這層關聯性，這是學生發想隱喻廣告時常見的第二個問題，也是Trick與Katz（1986）研究適切隱喻的另一個重點：領域內距離。他們以「語意空間內的相對位置」將這個概念操作化；對此，類比理論以「有系統的關聯性」看待，顯得更明確而且容易掌握。

二、共享有系統的關聯性

關聯性是一種邏輯關係，也可以看成語意共通性（semantic com-monalities; Markman & Gentner, 2000: 505）。譬如，掠食跟獵捕具有相似的邏輯／語意關係，而消滅、摧毀、佔領則沒有，所以任何有關「敵軍我軍」的概念對於「男人本能地掠食女人」來說，都不構成適切的隱喻。有些時候，邏輯關聯性也適合看成一種「因果關係」。當我們把上述的「豐收是農民的負擔」轉換成「過多人種植→競爭→收入變少」的因果關係之後，在創作時就更容易找到具有相同因果關係的事物或現象來比喻（如一口井「過多人打水→競爭→打不到水」）。

在理解隱喻的時候，人們重視的是關聯性的相似，而不是外在特徵。Gentner（1988）在實驗中先讓成人、小孩描述某些事物，此時的「認識」包含了許多外在特徵（屬性）和關聯性。接下來他們看到由這些事物所構成的三種隱喻（表1-1），然後解釋隱喻的含意，並且評估其適切性（aptness）。結果發現，無論成人、小孩，都傾向於選擇關聯性詮釋隱喻，而且成人比小孩明顯，9-10歲的小孩比5-6歲的明顯。此外，當一個隱喻同時具備外觀和關聯性的相似時（如「樹幹像吸管」），人們傾向於忽略外觀（細細長長），看見關聯性（吸取養分）。

「有系統」的關聯性，指的是由「高階」關聯性所組織起來的一組（可以在兩個知識領域之間映射的）關聯性。在理解隱喻的過程中，人們傾向於挑選有系統的關聯性，忽略孤立、零散的關聯性，因此關聯性的「系統性」（systmaticity）也是構成適切隱喻的條件之一。上述Gentner（1988）的實驗中，她還發現在隱喻適切性的評估上，關係相似和實質相似不只比外觀相似的分數來得高，而且隱喻的適切性還跟關聯性的多寡成正相關。

表1-1　Gentner（1988）在實驗中使用的三種隱喻

隱喻類型	實驗操弄
外觀相似	Jelly beans are like balloons. 軟糖像氣球。 A cloud is like a marshmallow. 雲像海綿。 A football is like an egg. 足球像雞蛋。 The sun is like an orange. 太陽像柳橙。 A snake is like a hose. 蛇像水管。 Soapsuds are like whipped cream. 肥皂泡沫像鮮奶油。 Pancakes are like nickels. 煎餅像錢幣。 A tiger is like a zebra. 老虎像斑馬。
關係相似	The moon is like a lightbub. 月亮像燈泡。 A camera is like a tape recorder. 相機像錄音機。 A ladder is like a hill. 梯子像山丘。 A cloud is like a sponge. 雲朵像海綿。 A roof is like a hat. 屋頂像帽子。 Treebark is like skin. 樹皮像皮膚。 A tire is like a shoe. 輪胎像鞋子。 A window is like an eye. 窗子像眼睛。
實質相似	A doctor is like a repairman. 醫師像維修技師。 A kite is like a bird. 風箏像隻鳥 The sky is like the ocean. 天空像海洋。 A hummingbird is like a helicopter. 蜂鳥像直升機。 Plant stems are like drinking straws. 樹幹像吸管。 A lake is like a mirror. 湖面像鏡子。 Grass is like hair. 草皮像頭髮。 Stars are like diamonds. 星星像鑽石。

在研究類比時，另一種常見的實驗素材是短文，更能驗證邏輯關聯性的系統性。例如，在一個實驗中，Gentner等人（1993）設計了如下的故事做為「基底域」：

原版故事

Karla是一隻住在橡樹上的老鷹。有一天下午，她看見地面上有個獵人手裡拿著弓和幾枝簡陋、沒有羽毛的箭。獵人瞄準老鷹射箭，但沒有命中。Karla知道獵人要的是她的羽毛，所以她飛下來主動給了他一些。獵人十分的感激，他保證將來不會再射老鷹。他就此離開，射鹿去了。

接著，他們設計了四個故事做為「目標域」，並且藉由這四個故事產生實質相似、關係相似、外觀相似以及「簡單相似」等四種類型的類比（這裡的簡單相似指的是事物之間只具備「一個」低階的關聯性，純粹是為了驗證系統性而來，不是一種隱喻類型）。以下是四篇短文：

實質相似[11]

從前有一隻住在岩壁上的老鷹叫做Zerdia。有一天她看見一個運動員帶著十字弓和沒有羽毛的箭。運動員攻擊老鷹，但箭沒有命中。Zerdia曉得運動員要的是她的羽毛，所以她飛下來把幾支尾巴上的羽毛獻給運動員。運動員很高興。他承諾將來不會再攻擊老鷹。

關係相似

從前有一個小國叫做Zerdia，試著製造世界上最聰明的電腦。有一天Zerdia遭受好戰鄰國Gagrach的攻擊。但是飛彈瞄得不準，沒有擊中。Zerdia政府曉得Gagrach要的是Zerdia的電腦，所以她將一些電腦賣給了這個國家。Gagrach政府非常高興，承諾將來絕不會再攻擊Zerdia。

外觀相似

從前有一隻老鷹叫做Zerdia，她把幾支尾巴上的羽毛獻給運動員，期待他答應將來絕不攻擊這隻老鷹。有一天正當Zerdia在岩壁上築巢時，她看見運動員帶著十字弓。Zerdia飛下來與他碰面，但是他卻攻擊她並且將她打下來。她掉落地面之後發現，箭上的羽毛就是她自己的。

簡單相似

從前有一個小國叫做Zerdia，試著製造世界上最聰明的電腦。Zerdia將她的一部超級電腦賣給鄰國Gagrach，期待Gagrach承諾將來絕不攻擊Zerdia。但是有一天Zerdia突然受到Gagrach的奇襲。在投降的時候Zerdia的跛腳政府發現，攻擊他們的飛彈是透過Zerdia製造的超級電腦引導的。

Gentner等人（1993）請受測者評量這四個故事在解釋原版故事上的健全性（soundness；意指可以從一個故事推論或預測另一個故事的發展）和相似性（similarity）。結果發現在兩個變數上，實質相似和關係相似的數值都顯著的比外觀相似和簡單相似來得高，而且兩個變數之間具有高度的相關性。這意味著，共享的高階關聯性越多，故事的推理效果越好，而推理效果越好，相似性也就越高。

為了更清楚觀察關聯性的「系統性」，我將上述的故事分解成關聯性系統圖。在原版故事中，獵人與老鷹的關聯性是「攻擊」，攻擊是為了「取得」羽毛，取得與奉獻之間的關聯性是「滿足」，滿足之後「承諾」和平。由這些動詞所構成的關聯性從低階（攻擊）到高階（承諾）環環相扣，互為因果，組織成故事發展的主軸。從圖1-5可以看出，實質相似、關係相似在「攻擊」、「取得」、「滿足」、「承諾」等關聯性上都吻合，差別只在實質相似描述的是人與老鷹之間的關係，而關係相似描述的是國家與國家之間的關係（前者有外觀上的相似，後者沒有）。這些環環相扣的動詞之間的因果關係就是所謂的「共享有系統的關聯性」。

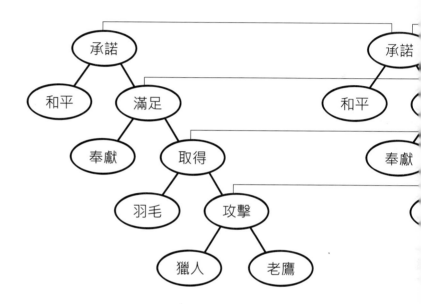

原版故事　　　　　　　　　　實

圖1-5 Gentner等人（1993）實驗素材中，實質相似、關係相似的關聯性系統

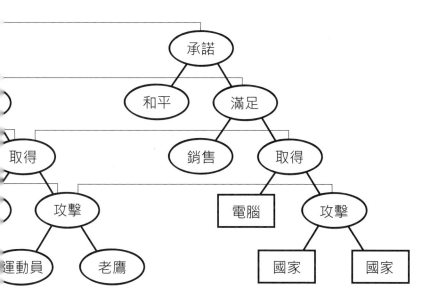

似　　　　　　　　關係相似

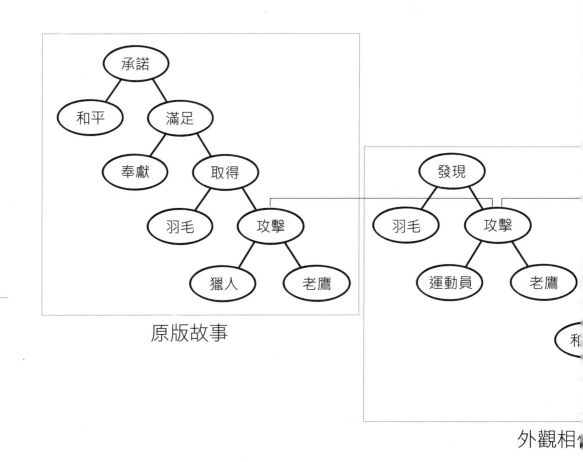

圖1-6 Gentner等人（1993）實驗素材中，外觀相似、簡單相似的關聯性系統

　　但是，外觀相似和簡單相似與原版故事之間關聯性的「系統性」就不同了（圖1-6）。首先，老鷹與運動員的關聯性是「奉獻」，奉獻換來和平的「承諾」；這是一套系統。其次，運動員「攻擊」老鷹，老鷹因此「發現」羽毛是自己的；這又是另一套系統。在這裡，「承諾」與「攻擊」之間並沒有邏輯關係，也就是攻擊並非承諾造成，承諾也沒有引來攻擊，完全是個意外。由於第一個系統並沒有跟第二個系統扣連在一起，形成「一整套的因果關係」。在映射到原版故事的時候，只有「

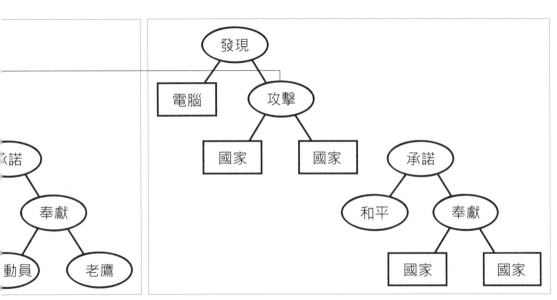

簡單相似

攻擊」這層關聯性可以匹配（在這裡「攻擊」都在描述一個實體對另一個實體施加的行為），其他的關聯性即便「動詞」本身語意相似，但「整體語意關係」不符（譬如，在原版故事中，「承諾」扣連著「滿足」和「和平」，但是在外觀相似和簡單相似中，「承諾」卻連著「奉獻」和「和平」）。從這裡可以看出，共享的關聯性不只越多越好，他們還必須環環相扣，構成相似的（語意關係）系統[12]。

在教學上，「有系統的關聯性」甚至比「跨概念領域」更具挑戰
性。在討論上述的「農業精品」時，我們曾經想過以「結婚證書」比喻
「契約」溝通「簽訂契約給農民穩定的收入」。然而，真正讓農民有穩
定收入的不只是契約本身，而是簽訂了「什麼樣的」契約，因為契約只
是議定一件事，而農業精品對農民的保障在於與體質良好的企業簽約，
無論當季產量如何，農產品都能以固定的價格被收購。圖1-7中，目標
域裡實線的部分是把廠商和農民連在一起的邏輯關聯性「契約」，然而
這個契約真正的好處在於虛線的部分，也就是「共享」獲利以及連接「
共享」與「優質營運」之間的「保障」這些較高階的關聯性。此一隱喻
是否適切，端看我們從「結婚」基底域轉移過來的關聯性是否有系統。
用結婚證書比喻契約，取其「把雙方綁在一起」，是個低階而比較沒有
系統的關聯性；取其「保障」是個高階而比較有系統的關聯性。透過「

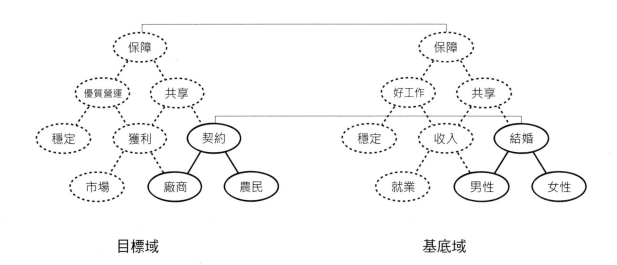

圖1-7 同樣是結婚比喻契約，因轉移的邏輯關聯性是否有系統，而有適切性上的差別

保障」，我們就能以「就像嫁給一個有好工作的男人」隱喻結婚這件事，把「正當的工作」、「穩定的收入」這些環環相扣的關聯性，轉移到簽約的對象，成為一個更有解釋力的隱喻。從這個例子可以看出：（１）關聯性是否構成環環相扣的系統，影響人們對於隱喻「有道理」的觀感（２）在廣告中運用隱喻，除了尋找適當的基底域，有一部分的困難在於釐清訊息（目標域）本身的邏輯關聯性。這不盡然是隱喻理論的問題，因為即便使用其他的廣告手法，同樣需要把「說什麼」想清楚。隱喻只不過是特別講究訊息的「邏輯關聯性」而已。

隱喻只是隱喻廣告的一部分

從教學和實作經驗中我也發現，了解運作原理只能幫助我們找到適切的隱喻，不足以創作出優秀的「隱喻廣告」，因為適切的隱喻只是隱喻廣告的一部分。在語文裡，隱喻的說、寫有比較固定的形式，不容易讓人耳目一新，所以隱喻的創新程度主要取決於適切性（有系統的關聯性）。但是廣告中的隱喻很少大喇喇的寫在標題裡，而是透過圖像、文字以及兩者的互動「演」出來。解讀廣告中的隱喻，人們是「先」看到比較的事物，「後」尋求其中的含意。因此，解讀隱喻廣告的挑戰不在隱喻「本身」，還包括找到正確含意的「過程」。倘若隱喻廣告在表現形式上充滿巧思，人們所產生的意會快感會比使用語文的形式表達隱喻來得大，進而影響人們對隱喻廣告的評價。拿上述3M踩腳墊廣告來說，人們在「讀」到「鞋子像砂石車一樣將塵土帶進家裡」這句話的觀感，應該跟「看」著這則廣告，從中意會同樣的訊息，有不小的差別。這，就是圖文設計的影響力。

同樣的隱喻，因為表現形式的不同，效果就不一樣；因此一則隱喻廣告的品質，需要將表現形式納入考量。事實上，表現形式的影響是如此的重要，有許多時候，隱喻廣告作品的好壞甚至完全取決於表現形式。舉例來說，圖1-8這則獲得2005年坎城廣告平面類金獎的Nugget鞋油廣告，大意是鞋子像鏡子一樣亮，所以考試的時候可以拿來反射桌下的小抄。在語文中，「鞋子亮得像鏡子一樣」是一個適切但不新奇的比喻；「鞋子亮得像鏡子一樣，可以拿來看桌子底下的小抄當成作弊的工具」是一個根植於隱喻的誇大說法，比單純的隱喻來得有趣。重點是，

23

不管用什麼方式「說」出這個隱喻，「說法」本身對於人們的感受不會有太大的影響。但是在廣告的世界裡，演法（相對於「說法」）卻有很大的表現空間，在傳達「鞋子亮得像鏡子一樣」時，這則廣告甚至沒有讓我們看見這些東西！對此，前奧美廣告執行創意總監周俊仲（2005年9月）有這樣的感觸：

> 我們的想法不輸人家，但是執行的品味上就輸人家一大截。這裡說的執行品味，談的並不是攝影、修片、選角、插畫、美術……等等。而是，我們對於想法怎麼被具體的落實成

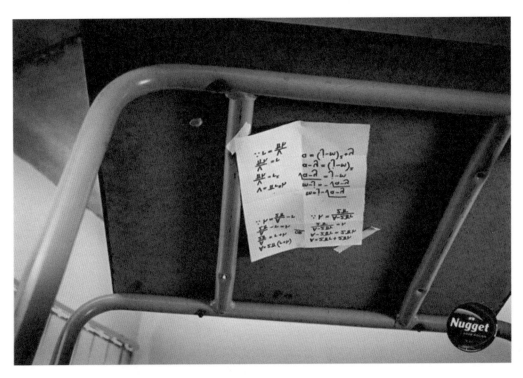

圖1-8　獲得2005年坎城廣告平面類金獎的Nugget鞋油廣告凸顯表現形式的重要

（取材自2005年第3期的Archive雜誌，見Lurzer [2005:61]）

為創意上的考量，其實是很不足的。

例如，13年前，台灣曾經做過一張某某鞋油的平面廣告，想法也是：讓鞋子跟鏡子一樣亮；畫面是俯拍一隻鞋面的特寫，啵亮的鞋面上，倒映出一個人的臉部滿意表情。

但是這樣的想法，到了國外Nugget鞋油手上，做出來的作品，就直接把鞋子當成鏡子來用了；警察用鞋子，在牆角觀察歹徒的動靜……；學生用鞋子，偷看桌底的小抄……。把想法故事化之後，所呈現出來的娛樂感，實在高過我們太多太多了。

周俊仲點出了隱喻廣告，乃至於所有的廣告，難為之處不只是隱喻（廣告訊息）的發想，還包括呈現方式的創意。在教學的過程中我一再的發現，一個用語文說出來讓人感到適切的隱喻，如果沒有辦法轉換成適當的圖文表現，不能算是一個好的點子，有時候甚至必須放棄。相對的，有些隱喻廣告妙就妙在表現形式上，若是被轉換成語文，會大大減損隱喻的震撼力，Nugget鞋油廣告就是一個例子。對此，廣告學門中有若干研究，本書統整於第二章。

值得注意的是，metaphor可以翻成隱喻或譬喻。在修辭學裡，隱喻（metaphor）是一種修辭格（figure of rhetoric），與明喻、略喻、借喻共同隸屬於「譬喻辭格」之下（黃慶萱，1975；蔡謀芳，1990）。這個領域重視語句的結構，metaphor適合翻成隱喻，代表「X是Y」的表達形式，有別於明喻的「X像Y」。另一方面，認知語言學把焦點放在分析語文中的隱喻，以發掘人們如何透過隱喻進行思考（亦即隱喻與認知的關係）。在這個領域裡，metaphor適合翻成譬喻，用來代表跨知識領域的、概念導向的思考模式，隱喻適合用來代表「隱喻表達式」（metaphoric expression），也就是隱喻思考顯露在語文中的詞句。然而，在隱喻廣告的研究中，語句結構、隱喻思考都不是主軸，因此本書並未區分譬喻、隱喻，並且時常與「比喻」交替使用。

同樣的，對於隱喻中兩個比較的事物或概念，依學門而有主體／載體（tenor or topic/vehicle; Richards, 1936〔轉引自Ortony, 1993〕）、首要對象／次要對象（primary subject/secondary subject; Black, 1993）、目標

域／來源域（source domain/base domain; Lakoff & Johnson, 1980）、目標
域／基底域（target domain/base domain; Gentner, 1983）等詞彙指涉。本
研究在探討類比理論時為了忠於原典使用目標域／基底域，其他多數時
候使用主體／載體，純粹只是因為較為精簡、不繞口。

註釋

1. 對於廣告內文的探討，請見本書第八章。

2. 本書第九章以「處理經驗」的角度探討廣告創意；此處「意會的快
   感」指的是在操弄人們處理廣告訊息的過程，所產生的特殊、難
   忘、愉悅的感受。詳見第九章的討論。

3. 對於兩個比較的事物或概念，依學術領域的不同而有域（domain）
   、認知表徵（cognitive representation）、表徵結構（representational
   structure）、知識結構（knowledge structure）、心智表徵（mental
   representation）等詞彙，本書將他們視為同義詞，都是代表「人們對
   特定事物或狀況所具備的知識」，是由實體、屬性、和關聯性所構
   成的一個「有階層的系統」（hierarchial system; Gentner & Markman,
   1994: 152）。

4. 第一階關聯性包含兩個以上實體之間的相對關係，第二階關聯性至
   少包含一個第一階關聯性以及其他實體、屬性、或關聯性（Gent-
   ner, 1983:157）。在這方面，Falkenhainer 等人（1989）設計的結構
   映射引擎（Structure-Mapping Engine; SME），從人工智慧的觀點建
   構關聯性配對的過程，可以比較具體的看出關聯性的層級。SME在
   根基、目標之間進行全面性的關係比對（步驟一），尋找結構上具
   有一致性的關係群組（步驟二），再合併為整體、有系統的關聯性
   結構，並且進行相關的推論（步驟三）。

5. Literal之字義為「照字面的、原義的」。在認知語文學門中常用來
   指稱那些「利用文字的原義所提出的直接陳述」（如「她是一個美
   人」），有別於隱喻是比喻性的（figurative）陳述（如「她是一朵
   玫瑰」）。從這個角度看，Gentner等人所謂的literal similarity可以
   譯成「直接的相似」，有別於外觀相似和關係相似屬於「比喻的

相似」。本書譯為「實質相似」，一方面取其「本質上相像」的特質，一方面顧慮到本書並未將所有的實質相似排除在隱喻之外（翻成「直接相似」似乎有「不是隱喻」的聯想）。就我所知，此一翻譯目前在國內尚無共識，讀者在解讀時需要留意。

6. Gentner與Markman（1997）這篇文章並未深入討論隱喻與實質相似的關係，但是在他們其他的文獻中，實質相似的確被視為隱喻的一種。例如，在 Gentner（1988）的實驗中，「樹幹像吸管」屬於實質相似型的隱喻，兼具「細長」的外觀和「吸取養分」的關聯性（請參考本書第14頁）。我認為「跨知識領域」的實質相似就屬於隱喻的範疇，因此在圖1-3裡，本書把「一部分」的實質相似納入隱喻的範圍。此一觀點目前並無共識，提醒讀者注意。

7. 如果是故事、事件、抽象概念的比較，則外觀相似指的是人與人、動物與動物、國家與國家這類來自「同一個知識領域」的元素。如本章16-19頁的「獵人攻擊老鷹」的故事，以「運動員攻擊老鷹」來比擬具備了外觀上的相似，以「一個國家攻擊另一個國家」則沒有。

8. 也就是說，有一種隱喻的類型是「實質相似」，但不是所有的實質相似都是隱喻。

9. 根植於領域距離的另一研究，請見Katz（1989）。

10. 在我所蒐集的文獻中，領域距離、隱喻可理解性和適切性的研究不多，本節的論述有一部分根植於個人的創作和教學經驗。讀者在解讀時需要注意此處科學證據不足的問題。

11. 這個實質相似屬於前文提到的「比較型」實質相似，亦即這個故事與原版故事沒有跨出同一個知識領域。此一知識領域是以「老鷹和人」為中心所構成的一個故事。

12. 另一個類似的研究，請見Clement與Gentner（1991）。

參考書目

呂清郁（2005年1月4日）。〈台北富邦銀行合併揭牌〉，《自由時報》。

周俊仲（2005年9月）。〈坎城廣告獎上的學習〉，《動腦雜誌》，353: 54-59。

黃慶萱（1975）。《修辭學》，台北：三民書局。

蔡謀芳（1990）。《表達的藝術：修辭二十五講》，台北：三民書局。

陳琇玲譯（2002）。《注意力經濟》，台北：天下文化。（原書Davenport, T. H. & Beck, J. C. [2001], *The Attention Economy: Understanding the New Currency of Business.* MA: Harvard Business School Press.）

吳岳剛、呂庭儀（2007）。〈譬喻平面廣告中譬喻類型與表現形式的轉變：1974-2003〉，《廣告學研究》，28: 29-58。

時報廣告獎執行委員會（1999）。《第二十一屆時報廣告金像獎專輯》。台北：美工圖書社。

岳心怡譯（2002）。《注意力行銷》，台北：商周出版。（原書Sacharin, K. [2001], *Attention!: How to Interrupt, Yell, Whisper, and Touch Consumers.* NJ: John Wiley & Sons, Inc.）

Black, M. (1993). More about metaphor, In A. Ortony, (Ed.), *Metaphor and Thought.* N Y: Cambridge University Press.

Boozer, R. W., Wyld, D. C. & Grant, J. (1992), Using metaphor to create more effective sales messages. *The Journal of Business & Industrial Marketing, 7* (1), 19-27.

Clement, C. A. & Gentner, D. (1991). Systematicity as a selection constraint in analogical mapping. *Cognitive Science, 15*, 89-132.

Falkenhainer, B., Forbus, K. D., and Gentner D. (1989). The Structure-Mapping Engine: Algorithm and examples. *Artificial Intelligence, 41*, pp. 1-63.

Gentner, D., Bowdle, B. F., Wolff, P. & Boronat, C. (2001). Metaphor is like analogy. In D. Gentner, et al. (Eds.), *The Analogical Mind: Perspective from*

Cognitive Science. Cambridge: The MIT Press.

Gentner, D. & Bowdle, B. F. (2001). Convention, form, and figurative language processing. *Metaphor and Symbol, 16* (3&4), 223-247.

Gentner, D. (1988). Metaphor as structure mapping: The relational shift. *Child Development, 59,* 47-59.

Gentner, D. & Markman, A. B. (1997). Structure mapping in analogy and similarity. *American Psychologist, 52* (January), 45-56.

Gentner, D. & Holyoak, K. J. (1997). Reasoning and learning by analogy. *American Psychologist, 52* (January), 32-34.

Gentner, D & Markman, A. B. (1994). Structural alignment in comparison: No difference without similarity. *Psychological Science, 5* (3), 152-158.

Gentner, D., Rattermann, M. J. & Forbus, K. D. (1993). The roles of similarity in transfer: Separating retrievability from inferential soundness. *Cognitive Psychology, 25,* 524-575.

Gentner, D. (1977). Children's performance on a spatial analogies task. *Child Development, 48,* 1034-1039.

Gibbs, Jr., R. W. & Bogdonovich, J. (1999). Mental imagery in interpreting poetic metaphor. *Metaphor and Symbol, 14* (1), 37-44.

Gregan-Paxton, J. & John, D. R. (1997). Consumer learning by analogy: A model of internal knowledge transfer. *Journal of Consumer Research, 24* (December), 266-284.

Halpern, D. F., Hansen, C. & Riefer, D. (1990). Analogies as an aid to understanding and memory. *Journal of Educational Psychology, 82* (2), 298-305.

Holyoak, K. J. & Thagard, P. (1997). The analogical mind. *American Psychologist, 52* (1), 35-44.

Kövecses, Z. (2002). *Metaphor: A Practical Introduction.* NY: Oxford University Press.

Katz, A. N. (1989). On choosing the vehicles of metaphors: Referential concreteness, semantic distance, and individual differences. *Journal of Memory and Language, 28,* 486-499.

Klein, G. A. (1987). Applications of analogical reasoning. *Metaphor and Symbol, 2* (3), 201-218.

Lakoff, G. (1993). The contemporary theory of metaphor. In A. Ortony (Ed.), *Metaphor and Thought.* NY: Cambridge University Press.

Lakoff, G. & Johnson, M. (1980). *Metaphors We Live By,* NY: Harcourt Brace Jovanovich.

Lurzer, W. (2005). Lurzer's Int'l Arvhive: Ads and Posters Worldwide Vol. 3-2005. Austria: Walter Lurzer.

Markman, A.B. & Gentner, D. (2000). Structure mapping in the comparison process. *American Journal of Psychology, 113* (Winter), 501-588.

Ortony, A. (1993). Metaphor, language, and thought, in *Metaphor and Thought, 2nd ed.* NY: Cambridge University Press.

Phillips, B. J. & McQuarrie, E. F. (2002). The development, change, and transformation of rhetorical style in magazine advertisements: 1954-1999. *Journal of Advertising, 30* (4), 1-13.

Phillips, B. J. & McQuarrie, E. F. (2004). Beyond visual metaphor: A new typology of visual rhetoric in advertising, *Marketing Theory, 4* (1/2): 113-136.

Read, S. J., Cesa, I. L., Jones, D. K. & Collins, N. L. (1990). When is the federal budget like a baby? Metaphor in political rhetoric. *Metaphor and Symbolic Activity, 5* (3), 125-149.

Stern, B. B. (1990). Beauty and joy in metaphorical advertising: The poetic dimension. *Advances in Consumer Research, 17,* 71-77.

Trick, L. & Katz, A. N. (1986). The domain interaction approach to metaphor processing: relating individual differences and metaphor characteristics. *Metaphor and Symbolic Activity, 1* (3), 185-213.

Vosniadou, S. & Schommer, M. (1988). Explanatory analogies can help children

acquire information from expository text. *Journal of Educational Psychology,* *80* (December), 524-536.

作品櫥窗

人道對待動物：游泳池篇

作者：陳儷文、王瓊林、蘇念微、羅建隆

躲藏是許多動物的天性，他們不喜歡被看見，更別說被一群人「盯著看」。這是儷文他們的研究發現，也是他們想要透過這張稿子傳達的訊息。

他們聯想到許多「人」被盯著看的情境。其中之一，是女性朋友穿著泳裝時男士們的「注目禮」。我想這應該是許多女性共通而且印象深刻的生活經驗。這個類比，讓人很快的利用熟悉的「親身」經驗，理解動物的感受。

在呈現的方式上，他們用一個「主觀鏡頭」表現女性的視角，再加上一句「天啊！這隻紅毛猩猩的身材好惹火」點出主角與動物的關聯性，點到為止，令人玩味。

天啊！這隻紅毛猩猩的身材好惹火

躲藏，是野生動物的習性之一。
單調的展示場裡，遊客的注視讓動物產生心理壓力，進而行為異常。
請主動向動物園發聲，幫忙豐富環境，恢復動物習性。

人道對待動物

一杯豆漿、一個包子、一份燒餅夾蛋
就可以讓有機引擎跑25公里
展開充滿活力的一天

每公里消耗30卡有機燃料

258kcal/100g
water46.7g
crude protein7.1g
crude fat10.2g
carbohydrate35g

37kcal/100g
water92g
crude protein3.5g
crude fat1.8g
carbohydrate1.7g

142kcal/100g
water76.8g
crude protein12.1g
crude fat9.9g
carbohydrate0.3g

320kcal/100g
water29.2g
crude protein9.1g
crude fat9.1g
carbohydrate51g

245 cal /1hour9km
415 cal / 1hour16km

自行車通勤
Commute by Bike

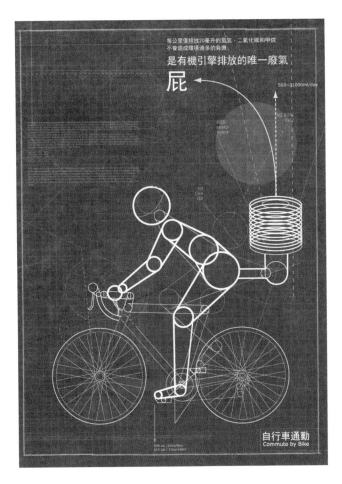

燃料篇內文：

一杯豆漿、一個包子、一分
燒餅夾蛋，就可以讓有機引
擎跑25公里，展開充滿活力
的一天。

廢氣篇內文：

每公里僅排放20毫升的氮
氣、二氧化碳和甲烷，不會
對環境造成過多的負擔。

自行車通勤：燃料篇、廢氣篇

作者：黃柏超、梁可依

油價越來越高、臭氧層越破越大、南北極冰原越融越快，這些都跟人們排放到空氣中的廢氣息息
相關。柏超、可依想推廣的，不只是腳踏車健身或休閒。他們認為只有把自行車「生活化」為一
種交通／通勤工具，才能對環境產生積極的幫助。

　　從「交通工具」的角度看，自行車的引擎是個「有機體」，消耗的是「卡洛里」，排放的是
「屁」。換句話說，這裡的隱喻是「人體即引擎，都是提供動能的工具」，但是兩者對於環境的
影響有諾大的差異（對於這種「相反」型隱喻，下一章有更深入的介紹）。柏超和可依，帶著我
們利用引擎的知識和觀點，了解自行車通勤的環保價值。

作品櫥窗

共同購買：黏土篇

作者：陳品伊、林珊汶、楊蟬蓉

共同購買，是集結消費者的力量，要求生產者以健康、不汙染環境的方式製造商品。如此一來，消費者不只握有商品品質的主導權，還可以透過購買（消費）改善環境。目前國內有「台灣主婦聯盟生活消費合作社」（簡稱「主婦聯盟」）在推行共同購買，但是知道的人不多。品伊她們的畢業展，就是想要推廣這個觀念。

「共同購賣」需要人們知道，不是只有黑心商品會危害到人的身體健康，其他　包括不當的使用農藥、化學肥料等對於土地的汙染，輾轉之後同樣會對人產生影響，只不過沒那麼顯眼而已。

品伊她們利用「黏土」，很適切的表現「生態環境的惡性循環」。首先，她們用黏土捏出許多食物，然後當黏土沾上了其他的顏色，不管捏成什麼，那些顏色還是會殘留在上面，即便是一個人。

就這樣，透過黏土，她們帶領人們用簡單、熟悉的生活經驗，了解一個複雜、陌生的概念。這個廣告沒有用到什麼高超的製作技巧，純粹是一個靠「有系統的邏輯關聯性」取勝的隱喻。

影部：一個人在桌上放上一塊黏土
聲部：旁白「宇宙萬物還原到最初」

影部：捏好了一朵香菇

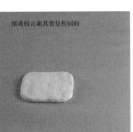

影部：一塊白色黏土
聲部：旁白「組成元素其實是相同的」

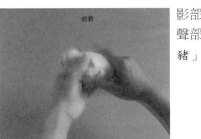

影部：繼續捏，快轉
聲部：旁白「一頭豬」

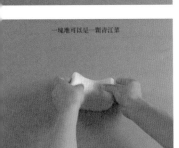

影部：雙手拿起紙黏土開始捏
聲部：旁白「一塊地可以是一顆青江菜」

影部：捏好了一頭豬

影部：捏的動作快轉

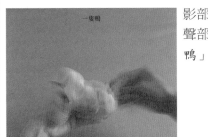

影部：繼續捏，快轉
聲部：旁白「一隻鴨」

影部：捏好了一顆青江菜

影部：捏好了一隻鴨

影部：繼續捏，快轉
聲部：旁白「一朵香菇」

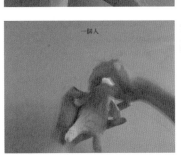

影部：繼續捏，快轉
聲部：旁白「一個人」

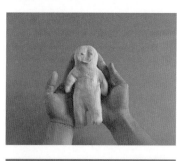

影部：捏好了一個人

影部：捏好了一顆朵香菇，上面有剛剛掉下來的有色黏土的痕跡

影部：雙手捧著一塊白色紙黏土
聲部：旁白「如果這塊地受到汙染」

影部：繼續捏，快轉
聲部：旁白「一頭豬」

影部：畫面上方掉下幾塊有色的黏土
聲部：旁白「污染會留在…」

影部：捏好了一頭豬，上面有剛剛掉下來的有色黏土的痕跡

影部：開始捏，快轉
聲部：旁白「一顆青江菜」

影部：捏好了一顆青江菜，上面有剛剛掉下來的有色黏土的痕跡

影部：繼續捏，快轉
聲部：旁白「一隻鴨」

影部：繼續捏，快轉
聲部：旁白「一朵香菇」

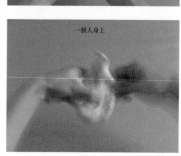

影部：捏好了一隻鴨，上面有剛剛掉下來的有色黏土的痕跡

影部：繼續捏，快轉
聲部：旁白「一個人」

影部：捏好了一個人，上面有剛剛掉下來的有色黏土的痕跡

影部：鏡頭慢慢特寫這個人
聲部：旁白「透過共同購買，讓生產者改變生產方式，降低對土地的汙染」

影部：開始捏，快轉
聲部：旁白「土地的負擔少一點」

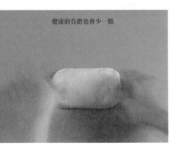

影部：捏成一塊白色的黏土，像一開始的時候那樣乾淨，放回桌面。
聲部：旁白「健康的負擔也會少一點」

作品櫥窗

電視老人：電視兒童篇

作者：吳怡潔、溫慧明、蕭詠涵、王芝盈

這則廣告刊登在1065期的商業雜誌，是2008年政治大學廣告系畢業展推廣的議題之一。怡潔她們發現大家常常忽略家裡有一個人，他的名字叫「老人」。她們認為「電視老人」的嚴重性不亞於「電視兒童」，卻沒有受到相對的重視。而解決這件事的方法之一，就是鼓勵老人遠離電視，找到自己的生活。

這張稿子的隱喻是「老人像兒童整天看電視」，是個「實質相似」的隱喻，老實說「跨概念領域」的特質不明顯，「比較」的意味比「比喻」來得濃厚。然而，這張稿子的震撼力就來自老人跟小孩的強烈「對比」；小孩愛看電視，不是因為他們與社會脫離了關係，不是因為沒人關心他們，不是因為沒事可做，但這些都是老人守在電視機前面的理由。這是個難得的「實質相似」佳作，提醒我們，某些時候「比較」也可以很有建設性。

此外，視覺上巧妙的把老人與小孩結合在一起，是這個作品另一個巧思。視覺上的錯愕，加上發人深省的廣告主張，這張稿子令我感到十分激賞。

內文：

陳奶奶每天花七個小時看電視，是孫子的兩倍。她覺得連續劇的人物比真正的家人更親近。我們總是太忙，對一些身旁的現象視而不見。關心老年人其實不難，如果您願意採取行動，4/25-4/27請到華山文化園區，和我們一起更深入老年人的內心。

你只關心電視兒童嗎？

陳奶奶每天花七個小時看電視，是孫子的兩倍。她覺得連續劇的人物比真正的家人更親近。我們總是太忙，對一些身旁的現象視而不見。關心老年人其實不難，如果您願意採取行動，4/25-4/27請到華山文化園區，和我們一起更深入老年人的內心。

主辦單位　**HAPPITUDE** 對的態度 ▶ 真的快樂　國立政治大學廣告系　第十八屆跨媒體創作學程畢業展　http://happitude.nccu.edu.tw

特別感謝　臺北市政府社會局　永樂社區不老英雄團　傳神老人服務中心　士林老人服務中心　華山基金會　喜臨門老人劇團

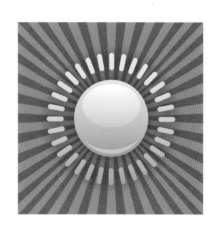

第二章
隱喻廣告的研究

43

相對於隱喻廣告的能見度以及其他廣告手法所得到的重視（如比較性廣告、性訴求廣告、幽默廣告），廣告學界對於隱喻的研究實在不多。其中，還有一些根植於修辭理論的研究，將隱喻與其他性質相近的修辭格歸類在一起，嚴格來說不算是隱喻廣告的研究，因為隱喻的效果難以論斷。因此，我們對隱喻廣告還缺乏有系統的瞭解。本章僅就目前廣告學門對於隱喻的研究，以分類的方式做整理，並且在適當的地方提出我的看法。此外，由於某些研究在後續章節裡還會有深入的探討，此處僅稍加說明，以免重複。

隱喻廣告的表現形式

前文提到廣告中的隱喻最不同於語文中的隱喻之處在於表現形式。也許是因為這個緣故，隱喻廣告表現形式的分類是目前成果較為豐碩、完整的一個區塊。在這方面，又以Forceville（1996）的研究最為經典。

他的分類主要考量主／載體如何透過圖像呈現。他將兩個比較的事物中，其中之一個以文字表現，另一個以圖像的形式表現，稱為圖文隱喻；如圖1-1的台北富邦廣告，「銀行」是透過文字表達，沒有呈現在畫面上。此外，他把兩個比較的事物都呈現在圖像裡的表現形式，稱為圖像隱喻。

圖像隱喻又有替代、結合和並置等三種變化[1]。替代是指兩個比較的事物其中的一個沒有具體呈現，而是透過環境、背景暗示。圖2-1的標緻汽車廣告，以珠寶比喻汽車，傳達促銷方案讓車價「人人負擔得起，買不買現在是品味的問題」[2]。在這裡我們沒有「看見」珠寶，但我們能從珠寶盒了解到載體是珠寶（而不是珠寶盒）。相對的，結合的作法較為直接一些。以圖2-1為例，將鑰匙上的鐵圈換成戒指，讓人直接「看到」載體，就成了結合。從這裡可以看出，有時候替代和結合的差別十分細微，對於人們解讀廣告的樂趣和困難沒有太大影響。但是有時候替代的確需要多花一點心力去解讀，例如圖2-2的Savrin汽車廣告，以客廳隱喻汽車後座的寬敞舒適，在這裡用以暗示「後座」的照後鏡以及擋風玻璃不像珠寶盒那麼顯眼，而且需要一些使用經驗才能意會。

在圖像隱喻中，並置又稱為「圖像明喻」，是兩個事物之間較為淺顯、直接的一種比較方式。圖2-3是Sony首次推出單眼數位相機時的

圖2-1　標緻汽車廣告使用MP1的形式表現

廣告，以日蝕結束之後將會出現耀眼的太陽，隱喻商品的上市。處理這
則廣告不需要找出兩個比較的事物，因為他們明明白白的在畫面上；人
們只需要把心力放在日蝕與相機的關聯性上。這種直接了當的比較，好
處是執行上的門檻低很多，缺點是視覺上不像替代或結合那樣具有吸引
力。所以通常視覺明喻還是會放上一些巧思，讓畫面變得吸引人一些。
其中一種作法就是像圖2-3這樣，讓圖像在某方面有所呼應。試著把視
線移開，想像一部相機如何取景、構圖能跟日蝕相呼應，就能了解像圖
2-3這樣，讓日蝕和相機機身接環的形狀、顏色相似，是一種巧妙的安
排。另一種作法是把兩個比較的事物安置在同一個場景之中，乍看像一
套完整的「組合」，但實際上仍然是各自獨立的個體，如圖2-4。這種
作法的優點是容易執行，缺點是人們可能把望遠鏡、地球當成「陪襯」

圖2-2　同樣是MP1的表現形式，Savrin汽車的作法可能需要多花一點心力拆解

圖2-3　Sony數位相機以圖像明喻（並置）的形式表現

圖2-4　把比較的事物安置在同一個場景之中，是增加圖像明喻趣味性的一種作法

47

，而疏於去解讀兩者與手機意義上的關係。

　　Forceville（1996）的分類幾乎窮盡了所有隱喻廣告的表現形式，讓我們在眼花撩亂的隱喻廣告中，找到觀察與分析的脈絡。他的著作可以說是研究隱喻廣告必讀的參考資料，在廣告學門中，大概很難找類似的案例。但是，Forceville的研究也有一些限制。例如，他沒有把文字視為一種隱喻廣告的表現形式，這也許是因為文字隱喻十分接近語言、文學，缺乏圖文互動的特色。但是嚴格來說，文字也算是一種隱喻廣告的形式，因為人們還是透過熟悉的知識去吸收陌生的知識。而且，當執行上的資源有限的時候（如缺乏足夠的時間、適當的人力），文字可以說是最容易上手的隱喻表現手法。圖2-5永康紀房屋廣告，標題已經完整的寫出「生活在永康街如同享受一場緩緩的心靈洗禮」的隱喻，圖像的部分只是呈現各種生活（主體），比圖像隱喻需要兼顧主、載體來得單純許多。文字隱喻在我們的抽樣中佔有10%（詳見第三章），雖然不算多，卻也不容忽視。

　　Foreveille（1996）的另一個限制是他的分類完全聚焦在表現形式，不包含廣告中的隱喻，所以嚴格來說他分類的不是「隱喻廣告」的類

（取材自2004年7月的自由時報）

圖2-5 文字隱喻是最容易上手的隱喻廣告表現形式

型。相對的，Phillips與McQuarrie（2004）的分類則是針對隱喻廣告而來，在形式上，他們區分並置、結合、和替代[3]。在隱喻（意義層面）上，他們區分相關（connection）、相似（similarity）、和相反（opposition）。將意義與形式相互交錯，產生了九種類型的隱喻廣告，如表2-1。

Phillips與McQuarrie的分類有幾個創新之處。首先，他們認為在表現和意義（也就是隱喻）的不同，影響消費者處理隱喻廣告的難易。在形式上，他們認為處理的難度，由難而易依序為替代＞結合＞並置；在隱喻上，由難而易依序為相反＞相似＞相關。因此九個格子中，越偏左上角的越容易理解，越偏右下角的越難。其次，他們將形式與意義連接上廣告效果，推測某些可能受到影響的變數（表2-2）。在依變數方

表2-1　Phillips與McQuarrie融合了意義、表現層面所產生的分類
（取材自Phillips & McQuarrie [2004:116]）

複雜度 ↓		豐富度 →		
		意義運作（Meaning Operation）		
			比較	
	視覺結構	相關 （A與B都與某件事有關）	相似 （A與B相像）	相反 （A與B雖然某方面相像，某方面卻不同）
	並置			
	結合			
	替代			

面，可能受影響的包括認知精解（cognitive elaboration）、信念形成與改變（belief formation and change）、廣告喜愛程度（ad liking）以及回憶（recall）；而在調節變數（moderator variables）方面，包括消費者處理廣告的能力（consumer competence）、動機（motivation to process）、認知需求（need for cognition）、對於模糊的容許程度（tolerance for ambiguity）和處理習慣（style of processing）。儘管他們沒有驗證這些推論，但提醒我們在探究隱喻廣告效果時，「隱喻」和「廣告表現」可能受到不同因素的干擾，而產生不同的影響。然而，我個人並不認為依變數「信念的形成與改變」不會受到表現形式的影響，因為某些時候感官經驗會悄悄的左右人們對於事物的評估。對此，第五章有更深入的討論和實驗。

表2-2　Phillips與McQuarrie推測隱喻廣告的意義和表現層面可能的影響
（取材自Phillips & McQuarrie [2004:128]）

	視覺表現的複雜度	意義的豐富度
依變數		
認知精解（Cognitive elaboration）	◎	◎
信念的形成與改變		◎
對於廣告的喜愛	◎	◎
對於廣告的記憶	◎	◎
調節變數		
消費者處理廣告的能力	◎	◎
消費者處理廣告的動機	◎	◎
認知需求（Need for cognition）	◎	
對於模糊的容忍度		◎
處裡訊息的習慣		◎

此外，Phillips與McQuarrie對於隱喻廣告的觀察還有獨到之處----他們將「相關」視為隱喻。這一種手法鮮少被人關注，指的是兩個相提並論的事物都跟另一件事有關，而不是相像（或者換個說法，這兩個事物只像在「他們都跟另一件事有關」）。「相關」解決了某些隱喻廣告叫人說不出相似處在哪裡的窘境。圖2-6浩鑫電腦廣告乍看之下像是在說「電腦像鞍馬（運動）那樣邁向頂峰」，但這在常理上說不通。從「相關」的角度，解釋成電腦與鞍馬（運動）「都與邁向成功頂峰有關係」，似乎比較通。

（取材自2004年12月的自由時報）

51

圖2-6 浩鑫電腦使用的隱喻手法是「相關」

此外，Phillips與McQuarrie分類中，「相反」型的隱喻指的是「雖然A跟B很像，但A、B某個地方不同」，也是少有人提的隱喻廣告類型。這種隱喻看起來好像是在強調相異性，但實際上還是以相似性為主。圖2-7的龜甲萬醬油廣告強調「同樣超過三百年歷史。它，僅供觀賞；它，每日皆可賞味」。廣告的重點不在哪個可以吃、哪個不能吃，而是強調龜甲萬醬油與古董磁碗一樣，都有300年的歷史。Phillips與Mc-Quarrie認為這是比較難處理的一種隱喻，因為人們必須先意會相似處，再理解相異處。

隱喻廣告與溝通

既然隱喻廣告可以分成「隱喻」和「表現形式」來看，那麼隱喻廣告的研究，也可以以此加以區分。此外，「溝通」又可以區分為「溝通過程」和「溝通效果」；前者與人們如何注意或理解訊息有關，後者與記憶或態度的轉變有關（理解一則訊息並不意味著記住或接受它，因此溝通過程和效果不同）。本節多數文獻針對理解而來。也就是說，目前廣告學門的研究大都集中在隱喻對於溝通「過程」的影響上[4]。

一、圖文表現形式對於溝通的影響

在表現形式上，Phillips（1997）研究人們如何理解隱喻廣告，以及廣告創作者的看法。她雖然沒有鎖定特定的形式，但她研究中所使用的六則廣告都是圖像隱喻，而且都「沒有」內文解釋。這，「意會而不言傳」，是隱喻廣告常見的作法。問題是人們是否真能了解？她訪談49位大學生，發現人們利用文化、廣告經驗、產品知識從圖像中衍生含意。以廣告經驗來說，受訪者知道並置具有比較使用前／後或相似處的用意。他們也認定廣告主總是想要推銷產品的好處，所以會把負面的聯想視為個人的「奇想」，選擇正面的含意解讀廣告。此外，人們依賴產品知識詮釋廣告中的隱喻，他們只要知道產品是「柔衣精」，就知道廣告要傳達的訊息跟柔軟有關，然後以此解讀圖文的含意。這和Forceville（1996）的看法一致，他把產品知識視為解讀隱喻廣告的脈絡（context）。

Phillips（1997）還發現人們對某些隱喻廣告的含意有高度的共識，

53

圖2-7 龜甲萬的「相反」型隱喻兼具相似處和相異處

有些沒有。但即便沒有共識的含意，受訪者還是很堅持自己的解讀正確，因而不認為廣告沒有建設性。這代表人們在面對含意模糊的隱喻廣告時，會用一套自己的邏輯找到合理性，而且外力不容易改變那些他們自己找到的答案。此外，Phillips也訪談創作廣告的人，有一位創意人表示，他在創作廣告時只抱持一個想法（含意）去創作；另一位創意人表示，他不意外人們對於隱喻廣告有不同的解讀，他認為只有平庸的廣告才會人人有共識。另外，有一位創意人強調拆解圖像隱喻的樂趣，認為消費者會對其中的趣味和機智感到激賞。

Phillips（1997）的研究所選擇的隱喻廣告十分接近真實生活，現在越來越多的隱喻廣告不寫內文，給消費者很大的解讀空間。如第一章所述，因為廣告主相信人們越來越懂得看廣告，而且視覺溝通快又有吸引力。然而，Phillips的研究也揭露了隱喻廣告在爭取注意力、解讀樂趣的同時，也冒著誤解的風險。這一來一往之間，到底是得是失？有的創意人認為隱喻廣告不需要每個人都懂，但是我想廣告主的看法可能不大一樣。花錢登廣告，當然希望人人都看懂，而且誤解的機率越低越好。因此，適時的寫上文案（標題或內文），才能兼顧解讀樂趣和溝通效果。

在另一個實證研究中，Phillips（2000）鎖定正確理解和解讀樂趣之間的拉鋸關係。她讓同樣的圖像隱喻搭配兩種標題，一種寫得淺顯直接，一種點到為止，外加一套完全沒有標題做為控制組。以圖2-8的實驗廣告為例，淺顯的標題寫著「讓你的牙齒像珍珠一樣白」，點到為止的寫著「閃人」（Flash 'em）。Phillips測量人們理解的程度，以及喜愛廣告的程度（廣告態度）。她發現明確的標題能提升人們理解廣告的程度，進而提升廣告態度。也就是說，「理解」是標題與廣告態度之間的中介變數。有趣的是，當理解的影響被統計方法排除在外之後，標題的明確程度與廣告態度卻呈現負相關，意味著露骨的標題提高人們理解廣告的程度，卻也降低了解讀的樂趣。

Phillips（1997；2000）的研究貢獻主要在於發掘人們對於圖像隱喻的「理解」和「樂趣」具有互斥的傾向。因此在實務應用上，我們要注意隱喻廣告的目標是什麼（引起注意還是溝通觀念）、對象是誰（是否具備足夠的產品知識和廣告經驗）和處理的情境（有沒有足夠的心力解讀廣告的含意）。另一方面，Phillips的實驗廣告都沒有內文，因此標題

（取材自One show廣告獎年鑑第16輯，The One Club for Art & Copy [1994:186]）

圖2-8 Phillips（2000）實驗裡用到的隱喻廣告

55

怎麼寫扮演關鍵的角色。現實生活中，寫上適當的內文應該可以舒緩這個現象。本書第八章對於內文的種類和效果，有更深入的討論和實驗。

　　McQuarrie與Phillips（2005）認為越來越多的隱喻廣告不寫明確的標題和內文，除了著眼於解讀樂趣之外，是因為這麼做具有「說服」的效果。他們主張這種（圖像）溝通方式會讓人們產生許多猜測和聯想，在人們閱讀廣告的心力有限的前提下，聯想的心力越多，代表反駁的心力越少，說服的機會也就提高。為了驗證上述論點，他們首先為四則廣告找到「共識義」（大家有共識的廣告含意）和「聯想義」（多數人都會聯想、猜到，但共識程度比較低的廣告含意）。在受測者觀看完實驗廣告之後，測量人們對這些含意的反應速度。這個作法著眼於，如果那些共識義、聯想義是人們在看廣告的「當下」就想到的，那麼事後判斷廣告是否傳達這些含意的時候，反應的速度就會比較快。反之，對於那

表2-3 McQuarrie與Phillips研究中，在四種不同的實驗情境下，
受測者腦海中閃過三個「聯想義」的百分比（取材自McQuarrie & Phillips [2005:16]）

	文字標題	
視覺隱喻	有	沒有
有	21.1[a,b] （文字直述）	28.2 （文字隱喻）
沒有	34.5 （有標題提示的視覺隱喻）	40.9 （視覺隱喻）

[a] 這些數值是受測者對於「這則廣告是想要讓你認為…」這道題目時，對於那些「聯想義」回答「是」的百分比。

[b] 所有相鄰的數值均達0.05顯著水準（文字直述與文字隱喻、文字隱喻與文字+視覺隱喻、文字+視覺隱喻與視覺隱喻）

些先前不曾出現在腦海裡的廣告含意，事後判斷時需要重新評估（再想想），速度就會慢一些。他們的實驗結果證實，觀看圖像隱喻時，人們的確閃過許多聯想，而且當同樣的圖像隱喻加上一句明確的標題時，人們傾向於依賴文字解讀廣告，進行的聯想則變得比較少。整體來說，在聯想心力上，沒有明確標題的隱喻多於有明確標題的隱喻；有圖像的隱喻大於沒有圖像的隱喻。表2-3是受測者在觀看廣告當下產生相關聯想的百分比。

這個研究為我們開啟一扇窗。在探究隱喻廣告效果時，除了廣告中的隱喻，表現形式同樣扮演重要的角色。表現形式影響人們需要用多少心力解讀廣告，以及人們剩下多少心力評估、反駁廣告的論點。這再一次凸顯廣告隱喻跟語文隱喻的不同。在廣告中，隱喻的說服力「不等於」隱喻廣告的說服力；隱喻廣告的效果是由隱喻和表現形式共同決定的。此外，McQuarrie與Phillips（2005）的研究把「聯想」對於閱讀心力的分配以及對於反駁論點的抑制效果，視為表現形式的說服機制。

這與過去將設計、解題所產生的美感經驗視為「邊陲線索」（peripheral cues）以及透過情感轉移影響廣告態度的邏輯明顯不同。「邊陲線索觀點」中的圖文設計適合看成是比較消極的說服機制，因為它是在人們處理廣告的能力或動機不足的情況下，影響人們對於廣告的評斷[5]。「心力分配觀點」顯得比較積極，創意人可以透過廣告中的元素，操弄人們注意、想些什麼[6]。

只是，很可惜的是，這個研究將「說服」視為前提（McQuarrie與Phillips認為廣告主常用這類手法，代表他們有說服力），沒有驗證聯想、抑制反駁與說服力之間的關係。人們在拆解圖像隱喻的過程中產生許多聯想，只代表在那「當下」他們反駁的機會減少，不代表他們找到含意之後「接受」廣告論點。就好像日常生活中有個人說話暗藏玄機、話中有話，我們得花了一些力氣去想一想，才能了解他的真義，但是這不代表我們找到真義之後會比較願意接受他的想法。

此外，隨著媒體越來越多元，現在傳統媒體（如報紙、電視廣告）在行銷溝通上扮演的角色也在轉變。以往電視三台、報紙四家的時代，溝通訊息的管道不多，廣告的「說服」角色比較吃重。現在網路上充斥著各式各樣的資訊，傳統媒體不見得需要溝通和說服。有時候，廣告的目的只是讓人注意到一件事，把剩餘的溝通工作交給其他媒體負責。因此，越來越多的廣告不寫明確的標題，甚至完全沒有內文，不見得是因為這樣做比較有說服力，很可能代表整合行銷傳播時代下，溝通策略的改變。

二、隱喻對於溝通的影響

Morgan與Reichert（1999）將廣告中的隱喻分成具象、抽象兩大類。具象隱喻，指的是相似處可以透過五官感受，如乳液像OK繃一樣溫和；抽象隱喻則相反，如汽車的性能／價值比（cost of the car relative to value）像冰山（水面上、下的比例）。他們蒐集一些真實生活中的廣告進行測試，結果顯示具象隱喻比較容易被人理解。此外他們也發現，跟文字隱喻比起來，人們理解圖像隱喻比較沒有困難。Morgan與Reichert研究的主要價值在於，在外觀、關係和實質相似的既有分類方式之外，針對廣告做出新的隱喻分類。這個分類對於廣告創作很重要，因為

隱喻在廣告中必須透過圖文表現，具象的事物如乳液和OK繃，很容易在視覺上呈現，在創作上的挑戰與汽車的「性能／價值比」這類需要透過適當的事物代替的隱喻（或「轉喻」）不同。因此，抽象隱喻不只較難懂，而且很多時候也較難做。問題是，廣告需要用隱喻幫忙的時候，正也是訊息抽象難懂的時候。因此，在設計上，抽象隱喻比具象隱喻廣告，更加需要在理解和樂趣之間取得平衡。由於本書第四章在提出一個新的隱喻分類方式時會再回到具象、抽象的議題，因此在此暫時先不深入討論具象／抽象、隱喻／轉喻。

Pawlowski（1998）等人研究小學生對於隱喻廣告的理解、喜愛和記憶。他們發現高年級的小朋友，在理解和記憶上的表現，都優於低年級小朋友。但是，即便高年級的小朋友也不見得理解所有的隱喻；反過來說，低年級的小朋友也能理解部分的隱喻。比較出人意料的發現是，高年級小朋友沒有因為比較容易瞭解廣告中的隱喻，而比較喜歡隱喻廣告（相對於直述廣告而言），也不認為隱喻廣告比較好懂。而且，小朋友們比較容易回想起直述廣告的產品和內文。為何如此？Pawlowski（1998）等人認為可能的理由之一，是小朋友評估廣告的根據不是創意，而是產品、圖像本身。

第一章曾經提過，隱喻與思考息息相關，人們在很小的時候（學齡前）就具備類比的能力。Pawlowski（1998）等人、Phillips（1997）、以及Morgan與Reichert（1999）的研究不約而同的發現，不是所有的隱喻廣告都正確的為人理解。這是因為，人們處理廣告中的隱喻時，必須透過圖文「還原」隱喻。圖文設計的差異，影響還原的過程中注意什麼、聯想到什麼、記得什麼，因此隱喻好不好懂，有一部分的原因出在圖文設計上。

此外，以小朋友當受測者除了提醒我們這個族群的特性，他們還很適合看成一群不講究「美感經驗」、實事求是的消費者。對這類消費者來說，廣告跟新聞沒有太大差別，重點是「說什麼」，不是「怎麼說」，因而他們即便知道隱喻廣告中的巧思，也不一定產生好感。這固然與個人習慣有關，但有時候也會受到某些情境或個人因素的影響。例如，處於高涉入狀態的人可能傾向於重要訊息的本質，而非呈現訊息的方式。在這方面，廣告學門裡還有一些類比理論相關的研究，把焦點放在

消費者進行類比的「能力」上，同樣可以解釋人們處理隱喻的差異。

　　Gregan-Paxton與John（1997）可以說是將類比理論帶進廣告行銷領域裡，最早而且最有系統的一個研究（對於類比理論，請見第一章「類比：隱喻運作的機制」一節的討論）[7]。他們從「學習」的角度切入，探討消費者如何透過類比，轉移「內在」知識。內在知識指的是消費者既有、已知的，有別於廣告提供的產品規格、用途等「外在」知識。舉例來說，對於新產品如「固態硬碟」（Solid State Disk）來說，透過「超大型記憶卡」去類比，就是引導人們利用USB隨身碟、CF記憶卡「通用、無聲、低溫」等既有的知識，去吸收固態硬碟的好處。這跟直接溝通「通用、無聲、低溫」不同，因為人們無需「拼湊」這些功能／特色，一點一滴的了解固態硬碟與傳統硬碟的異同，而是以記憶卡「看待」它；通用、無聲、低溫是熟悉、有系統的生活經驗。

　　Gregan-Paxton與John（1997）的研究有兩個重點。首先，他們參考心理學對於類比的研究，推測人們進行類比的過程受到兩個因素影響，一是消費者是否具備足夠的相關知識（所謂的專家、新手），另一是人們有沒有足夠的心力處理類比。當上述兩個情況皆成立時，人們在類比的過程轉移「關聯性」，否則只會注意到外觀的相似。換句話說，只有那些原本對「硬碟」有相當了解，而且在有時間去思考的情況下，人們才能轉移通用、無聲、低溫的關聯性，否則只會看見固態硬碟長得像傳統硬碟。Gregan-Paxton與John的第二個貢獻，是將類比理論應用到廣告行銷領域中新產品的上市、品牌延伸、品牌定位、比較式廣告、來源國效應等涉及「利用既有的知識去認識一個產品」等情況，讓類比（隱喻）從廣告溝通的層次拉高到行銷溝通策略的層次。

　　延續Gregan-Paxton與John（1997）的推測，Roehm與Sternthal（2001）利用實驗法觀察隱喻廣告的說服力，如何因專家／新手、處理心力、訓練、以及心情而有所不同。他們主要鎖定「關係相似」和「實質相似」兩種類型的隱喻進行研究；其中的實質相似在屬性、關聯性相似程度上都很高。第一章曾經提過，相似有「程度」的差別，「樹幹像吸管」是實質相似，但仍舊在隱喻的範疇，因為兩者「跨」不同的概念領域。然而，隨著屬性、關聯性相似度的增加，實質相似漸漸離開隱喻，從類比（analogy）變成類似（similarity）。在Roehm與Sternthal的實驗

中，掌上型電腦與手機的關係是類比，掌上型電腦與桌上型電腦的關係是實質相似，從這裡可以看出，後者幾乎是「比較」而非「比喻」。

Roehm與Sternthal認為，比喻（類比）比比較（類似）來得有說服力，因為類似有許多外表特徵的相似，容易分散注意力，讓人忽略潛在的關聯性。這個現象的前提是（1）人們具有足夠的相關知識（也就是所謂的專家）並且（2）有足夠的心力去映射關聯性。相對的，這兩個條件不存在時，實質相似會比關係相似來得有說服力。他們的實驗結果證實這樣的推論。此外，給予人們適當的訓練（先看過一則說明產品特性的廣告），以及人們心情好的時候（告訴他們回想生命中一直令他們感到愉快的回憶），都能提升關係相似的說服效果。

Roehm與Sternthal的研究是少數從類比理論出發，利用廣告當媒介所進行的實證研究之一，讓我們對隱喻廣告的類型、特色、效果和機制有更深入的認識。研究發現隱喻廣告的效果取決於產品知識（專家、新手）和處理廣告的心力。這在管理上的意義是，專家／新手是一個市場區隔的變數，當產品鎖定的族群是非使用者時，需要考慮他們是否能夠正確理解隱喻的含意。處理心力的問題牽連較廣，因為人們無法投入心思在廣告上有許多原因，如產品不符合需求、訊息設計沒有吸引力、週遭環境不允許…等等。這些問題可能混雜在一起，構成更多的限制，是使用隱喻時需要注意的地方。

另一方面，Roehm與Sternthal的研究也有其限制。其一，他們實驗中使用的廣告完全依賴文字，真實世界的隱喻廣告較少如此，所以實驗結果有外在效度的問題。其二，由於比較跟比喻不同，嚴格來說他們研究的不是兩種類型的隱喻，而是隱喻廣告與「比較式廣告」。因此，研究結果也可以解讀成在產品知識、處理心力俱足的情況下，隱喻廣告的效果大於比較式廣告，否則效果相反。其三，這個研究沒有控制組當成比較標準，所以我們其實不確定隱喻廣告是不是比直接說出產品賣點來得有說服力。因此，Gregan-Paxton與John（1997）「內部知識轉移」的效果並沒有獲得完全的支持。

從修辭理論看隱喻廣告效果

在廣告學門裡，當隱喻以「修辭格」（figure of speech）的角度被研究時，學者通常先為修辭格歸類，然後把焦點放在不同類型修辭格之間的異同。這麼做的好處，是藉由「差異」凸顯某種修辭格（如隱喻）的特色，拓展了我們對於隱喻的了解，值得一探究竟。

根據McQuarrie與Mick（1996）的整理，廣告中常見的修辭格可以分成兩大類、四小類。兩大類是結構（scheme）和轉義（trope）模式；四小類是結構模式之下的重複（repetition）、翻轉（reversal），轉義模式之下的替代（substitution）、不穩定（destabilization）。隱喻歸屬於不穩定之下，與雙關、諷刺、矛盾語法（paradox）性質相同（圖2-9）。

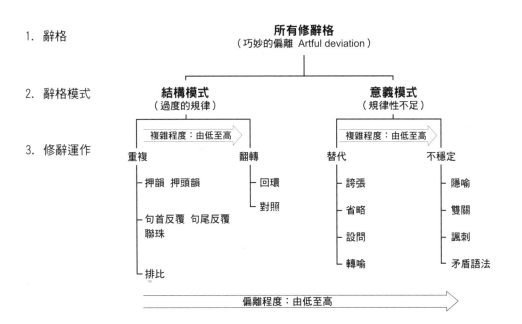

圖2-9 McQuarrie與Mick（1996: 426）對於廣告中常見修辭格的分類

從消費者處理廣告訊息的角度來看，這些類型的主要差異在於偏離（deviate）人們語文經驗的程度不同。轉義模式如隱喻，字面上的意義不等於實際上的含意，人們需要繞個圈想一想才能明白。結構模式如押韻，特色在聲韻上的重複，人們不需要投入額外心思去思考就能感受得到。所以相較起來，轉義模式比結構模式來得超乎想像；這意味著轉義模式比較能夠吸引人注意，而且比較有「理解的快感」。此外，結構模式字面上的意義是完整的，聲韻留下額外的感官線索，多重符碼有助於提供多元的刺激，引發人們的回憶。相對的，處理轉義模式修辭格時，人們需要啟用既有的知識並且做適度的推理，留下的是多重的「聯想路徑」（associative pathway），對回憶有幫助，但與結構模式的機制不同。

雖然這樣分類無法解釋隱喻的運作機制，也看不出隱喻和雙關、嘲諷等同一類型的修辭格有何差異，但是可以看出，隱喻修辭格是比較偏離人們語文經驗的修辭格，而且可以留下較為深刻的「思考軌跡」，有助於提高日後回想起來的可能性。

為了驗證這些想法，Mothersbaugh（2002）等人進行了兩個研究。首先，他們蒐集了14本雜誌854則廣告的史塔奇（Starch）閱讀率分數[8]，比較沒有使用修辭格的標題，以及使用（1）一種結構模式修辭格、（2）多種結構模式修辭格、（3）一種轉義模式修辭格、（4）多種轉義模式修辭格之間的差異。結果發現，使用兩種修辭模式可以產生相加的效果，同時使用轉義與結構修辭的效果最好；其次依序是轉義模式、結構模式和不用修辭格（圖2-10）。此外，同時使用多種轉義或結構模式修辭格，閱讀率分數都不會比單獨使用來得好。這證實McQuarrie跟Mick兩種修辭模式的運作機制不同，以及在「偏離程度」上轉義模式大於結構模式的推論。

Mothersbaugh（2002）等人的第二個研究，是以實驗法操弄修辭格和論點強度，觀察人們看廣告時在想些什麼以及品牌態度的變化。對於「想些什麼」，Mothersbaugh等人的作法是要求受測者在看過廣告之後立即寫下他們看廣告時腦海中出現的想法或念頭。結果發現，結構模式修辭格會引導人們留意廣告的形式（產生比較多跟廣告形式相關的想法），轉義模式則引導人們思考廣告主張和產品特色。此外，在品牌態

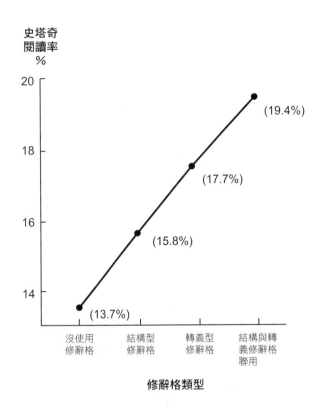

圖2-10 Mothersbaugh（2002）的研究發現，
結構模式、轉義模式修辭格在史塔奇閱讀率上的效果是可以相加的。

度上，廣告論點強、弱的影響，會隨著修辭格類型而不同；使用轉義模式修辭格會比結構模式更會凸顯論點強弱的差異。雖然Mothersbaugh等人在操弄轉義模式修辭格時並未將隱喻包含在內，但是如果我們假定轉義模式修辭格在「偏離人們語文經驗」和「留下多重聯想路徑」上具有很高的同質性，（請見前面對於McQuarrie與Mick〔1996〕修辭格分類的討論）那麼從Mothersbaugh等人的研究結果我們似乎可以推論，隱喻比其他結構模式修辭模式更能吸引人們投入心力處理廣告訊息（根據研究一的發現），並且引導人們對廣告論點進行深入的思考，對廣告主張

變得比較敏感（根據研究二的發現）。

　　然而，以修辭理論解釋隱喻廣告效果主要的限制，在於多數的廣告不是把隱喻寫在標題裡，而是透過圖像或圖文互動傳達。像Mothersbaugh（2002）等人這樣透過標題操弄修辭格，或是像Toncar與Munch（2001）使用內文作為操弄的媒介（並且發現在低涉入的情況下，有使用轉義模式修辭格比起沒有使用任何修辭格，在品牌態度、廣告態度和處理深度上有較好的表現），都與真實世界的廣告有一段差距。在這方面，Leigh（1994）的研究就是個很好的例子。他分析2468則平面廣告的標題，結果隱喻和明喻加起來只佔3.95%，這與我的調查發現隱喻廣告每翻5.68次就可以找到一則有很大的落差（詳見第三章），原因就在於多數的隱喻（以及其他修辭格）不是直接寫在標題裡。此外，McQuarrie與Mick（2003）發現視覺修辭比語文修辭更能提升記憶效果，更特別的是，在「自然閱讀」的情境下，語文修辭的記憶度幾近於零。這些研究都提醒我們，透過文字操弄修辭格所獲得的研究結果，在解讀的時候要注意外在效度的問題。

　　為了更能反映現況，McQuarrie與Mick（1999）將上述修辭學的概念應用到圖像裡，稱為「視覺修辭」（visual rhetoric）。他們發現，視覺轉義模式不只比結構模式更吸引人進行深入思考，而且產生較好的廣告態度（也就是喜歡廣告的程度）。此外，「文化背景」是這層關係的調節變數（moderator variable）。土生土長的美國人比較能掌握視覺轉義模式修辭格的樂趣，外籍學生則對結構模式比較有感覺。在這裡，他們操作視覺隱喻的方式十分符合現實生活中的作法，彌補了先前研究的不足。更重要的是，倘若圖像設計能套用語文修辭的概念，那麼不同類型的圖像設計的效果，就能夠被解釋和預期。

　　然而，這也正是問題的所在。首先，不是所有的圖像都能找到對應的修辭格。其次，McQuarrie與Mick（1999）是從符號學的觀點詮釋影像的修辭意涵，但不是每個人從符號中還原出的含意都相同。舉例來說，他們的「視覺押韻」，指的是睫毛膏廣告中，模特兒身上的貂皮皮毛外形與眼睫毛相呼應（所以是一種押韻）；「視覺對句」是優格廣告裡，將海灘球凸出的輪廓與女性凹進的腰身左右並置；「視覺雙關」是杏仁廣告裡，瓷盤上用杏仁、可鬆麵包排成的笑臉。這些細微的差異不

像語文修辭那樣明確，不見得會被讀者注意到。而且，海灘球與腰身可能引發「健康」的聯想（而非形態上的「對應」）、笑臉可能讓人聯想吃了杏仁之後很愉快（一種因果關係）；這些聯想未必跟廣告設計者（或研究者）的見解相同。最後，McQuarrie與Mick研究的變數是深入思考和廣告態度，但是多想一些、喜歡，與說服之間似乎還有一段距離。

相對於此，Tom與Eves（1999）用來驗證說服力的方法顯得比較貼近真實生活。他們採用Gapllup & Robinson市調公司的廣告實測資料。這些資料包含120「對」同一個產品類別、不同品牌的廣告（兩則廣告為一對），以及該公司對於這些廣告的記憶（人們是否記得品牌名稱）和購買意願（人們是否傾向於購買廣告中的商品）的測試結果。Tom跟Eves使用McQuarrie與Mick（1996）的修辭格分類分析這些廣告樣本中的修辭手法，發現使用修辭格的廣告無論記憶或購買意願的分數都高於沒有使用修辭格。這個研究特殊之處在於（1）使用市調公司的實測資料，（2）把修辭格的效果，從注意、理解、喜愛，拓展到比較能夠代表廣告說服力的「購買意願」。可惜Tom與Eves只比較有、沒有使用修辭格的差異，沒有比較結構模式和轉義模式的修辭格。不過，如果把Tom跟Eves（1999）和McQuarrie與Mick（1999）的研究合起來看，兩個研究間接支持隱喻，身為一種轉義模式修辭格，與沒有使用修辭格的廣告比起來，傾向於在吸引注意力、引發深入思考、和說服力上有較為正面的表現。

總結來說，透過修辭學了解隱喻雖然有其限制，但是修辭學的角度帶領我們從「偏離語文使用經驗」以及「訊息處理深度」兩個層面了解隱喻。「偏離」可以吸引注意力並且產生意會的快感，深入的處理可以留下「多重聯想路徑」；這兩個特色為隱喻廣告的研究指引了方向。

探索隱喻廣告的未知

相對於隱喻在其他領域的研究成果，廣告學界對於隱喻的了解可以說還在起步階段。直覺上我們可以借用其他領域的研究成果來看廣告中的隱喻，但是由於語文隱喻跟廣告隱喻「形式」上的不同，讓我們不知道哪些研究成果適用於廣告中的隱喻、哪些不適用。譬如，Johnson（1996）發現理解語文中的隱喻所需要的時間，比理解明喻

來得短，因為隱喻的思考機制是將事物歸類（什麼「是」什麼），所耗費的心力比較少；明喻的思考機制是比較（什麼「像」什麼），需要耗費的心力比較多。Chiappe與Kennedy（2001；實驗一）發現，主／載體的相似性越高，人們越傾向於使用隱喻的形式來表達。在Chiappe等人（2003）的實驗裡，當受測者必須回想先前看過的主／載體是以隱喻還是明喻的方式呈現時，適切性不夠高（不是很貼切）的隱喻，人們容易誤以為是明喻；適切性很高的明喻，人們容易物誤以為是隱喻。這些研究顯示，在語文中「怎麼說」跟「怎麼想」之間存有微妙的關係，但是我們能不能將上述實驗結果推論到圖像上呢？譬如，推測適切性很高的隱喻適合用「圖像隱喻」的方式表現、適切性不高的適合「圖像明喻」，或者推論處理圖像隱喻人們花費的心力少於圖像明喻，仍是個有待探究的問題。

　　因此，儘管隱喻在其他領域備受關注，但是在廣告學門中「未知」的部分遠多於「已知」。有鑑於此，過去幾年我在這個領域做了一些研究，構成本書第三至八章。以下是各章摘要：

1. 第三章：隱喻廣告的發展趨勢是什麼？何種類型的隱喻越趨常見？本章抽樣1974-2003年三大報1078則廣告進行內容分析，以了解譬喻廣告的應用如何隨時代而改變。結果顯示：（1）隱喻廣告越來越常見。（2）在隱喻類型上，「關係相似」一直佔90%左右。（3）在表現形式上，「圖像隱喻」越來越多，「圖文隱喻」越來越少；「結合」越來越多，「並置」越來越少。（4）廣告中有10%左右的隱喻，是以文字（標題）呈現。（5）視覺失衡的現象越來越多。

2. 第四章：有鑑於某些隱喻廣告難以歸類，而且先前研究發現，目前根植於「相似處」的分類用來區分隱喻廣告樣本時會產生廣告過度集中於特定類型的現象，本章將「相似」視為隱喻廣告的前提，把焦點轉移到相提並論的，是「具象」的事物或是「抽象」的概念，並且產生具象轉具象、抽象轉具象、具象轉抽象、抽象轉抽象等四種變化。此外，在形式上結合前人的圖像隱喻、圖文隱喻，發展出八種類型的隱喻廣告。在重新分析先前研究的數據資料並且瞭解這八種隱喻廣告的使用現況之

後，八種類型可以再簡化成五種，其佔有率分別是：視覺比較型48.6%、想像比較型16.9%、轉喻解說型15.6%、圖文解說型11.9%、意念改觀型7%。

3. 第五章：如果把隱喻廣告分成「隱喻」和「廣告表現」來觀察，我們會發現有些隱喻廣告在隱喻層面上很特殊、有些在廣告表現上、有些則為兩者兼具。因此，本章利用實驗法，操弄隱喻和表現形式，觀察廣告態度和說服力的改變。結果顯示，隱喻的適切性和表現形式都對廣告效果有顯著的影響。具體而言，同樣的隱喻以不同的形式表現，產生的廣告態度和說服力就不一樣。此外，隱喻與表現形式之間沒有交互作用存在，視覺設計不會改變隱喻的適切性對於廣告效果的影響。

4. 第六章：隱喻廣告到底有沒有實質的說服效果？至今還沒有具體的證據。本章透過實驗法，操弄訊息（隱喻／直述）與賣點（搜尋性／經驗性），觀察隱喻廣告的說服效果是否因賣點可否在購買前驗證而有所差異。研究結果顯示，隱喻廣告只有在銷售搜尋性賣點時有說服力，在銷售經驗性賣點則無；這代表隱喻無法改變人們對經驗性賣點的懷疑。此外，隱喻只能影響人們對賣點「可能性」的認知，不能改變賣點「必要性」的看法。

5. 第七章：隱喻廣告的說服力是否因廣告主可信度而有所不同？本章利用實驗法，操作隱喻和廣告主可信度，觀察廣告態度、品牌態度和推薦意願的變化。結果顯示，隱喻對廣告效果有正面的幫助。隱喻的說服力因廣告主可信度而有所差異；同樣的隱喻，由高可信度廣告主具名刊登，效果比低可信度廣告主來得好。此外，隱喻提升說服力的程度，不會因廣告主可信度而有所不同。

6. 第八章：隨著圖像越來越重要，現在許多隱喻廣告不寫內文。沒有內文解釋，廣告只是讓人們透過很特別的方式接收廣告訊息，這樣的廣告有多少說服力？本章將內文分成「特性內文」和「利益內文」，並且測試他們在溝通上的幫助是否因搜尋性、經驗性賣點而異。結果顯示內文不影響人們對品牌態度和

賣點「必要性」的看法，但是對「可能性」的影響因賣點類型
而不同。在搜尋性賣點的情況下，不寫內文的效果優於利益內
文，在經驗性賣點的情況下則相反。此外，特性內文不會因賣
點可驗證性而有不同的效果。

在一連串的隱喻研究之後，第九章嘗試從「處理廣告訊息所產生的
感受」（處理經驗）看所有的廣告創意。在這個概念下，隱喻廣告適合
用來操弄「感官經驗」和「認知經驗」。本章從體驗行銷的文獻開始，
探討廣告經驗與品牌體驗之間的關係，然後在「經驗」架構下把廣告學
門中相關的文獻組織起來，作為區分感官、認知和價值等三種處理經驗
的學理依據。最後，我分享「廣告系二十周年慶」海報設計的過程，以
展現我與學生在經驗觀點之下，如何應用隱喻經營認知經驗和感官經
驗。

本書第十章屬於理論的實踐，彙整過去幾年我自己以及學生創作的
隱喻廣告作品，藉以分享在我的創作和教學心得。

註釋

1. 對於替代和結合，Forceville（1996）的原文是MP1和MP2，分
   別代表metaphors with one pictorially present term和metaphors with
   two pictorially present terms。此處譯為替代和結合，一方面因
   為這樣很能凸顯兩者的差異，一方面為了方便與Phillips與Mc-
   Quarrie（2004）的研究連接。

2. 汽車在這則廣告裡是以鑰匙代表或「轉喻」。有關於轉喻與隱
   喻的差異，以及在廣告中的應用，第四章有更深入的討論。

3. Phillips與McQuarrie（2004）的並置、替代和結合，原文分別為
   juxtaposition、replacement、和fusion，與Forceville（1996）的pic-
   torial similes、MP1和MP2不同，但本質一樣。本書為了方便閱
   讀，以此為根據將MP1和MP2譯成替代和結合。

4. 由於本節仍有少數研究包含「溝通效果」（如McQuarrie與Phil-
   lips〔2005〕的研究與圖像的說服機制有關，Pawlowski〔1998〕
   的研究與喜好和記憶有關），因此本節並未直接以「溝通『過

程』」為標題。

5. 此處的「邊陲線索」出自於「說服的邊陲路徑」（peripheral route to persuasion），此路徑與「說服的中央路徑」（central route to persuasion）相對，是Petty、Cacioppo與Schumann（1983）所提出的「精解可能模式」（Elaboration Liklihood Model; ELM）中的兩條說服途徑。Petty等人認為，人們在接收外來訊息的時候，態度的改變取決於他們在處理這則訊息的時候是否投入足夠的心力（亦即涉入度〔involvement〕的高低）。如果處理心力不足，態度的改變循「說服的邊陲路徑」，受到一些表淺的、外在的線索（如訊息來源是不是專家）的影響。相反的，如果處理心力充足，人們有力氣針對訊息的「內容」好好想一想，此時態度的改變循「說服的中央路徑」，受到訊息本身的品質（如論點強弱）的影響。在這樣的概念之下，並置、結合和替代這類的「圖像設計」屬於邊陲線索，只有在處理心力不足的情況下才會發揮其影響力。

6. McQuarrie與Phillips（2005）的實驗並未控制涉入度，而且實驗的過程是以4人一組進行，在實驗室裡進行。在這樣的情境下觀看廣告，跟我們平時「淺涉」的瀏覽廣告比起來，讀者似乎處於「心力充足」（涉入度較高）的狀態。因此我們可以說，McQuarrie與Phillips的研究發現是把圖文設計、表現形式這些傳統說服理論所謂的「邊陲線索」，放到高涉入的情境下所得到的結果。

7. 值得注意的是，Gregan-Paxton與John（1997）所謂的類比，包含外觀相似、關係相似、和實質相似，與心理學裡類比專指關係相似有所不同，因此他們的類比其實就是本書所謂的隱喻。

8. Starch閱讀率分數是Roper Starch市調公司所提供的服務，透過抽樣和一對一訪談，了解平面廣告在市場上的效果。Starch分數分成注意（noted）、聯想（associated）、和閱讀大部分（read most）三種，分別代表記得曾經看過、不只看過還記得一些內

容、以及閱讀一半以上的廣告內容。本文使用的是read most分
數。

參考書目

Chiappe, D. L., Kennedy, J. M & Chiappe, P. (2003). Aptness is more important
than comprehensibility in preference for metaphors and similes. *Poetics, 31,*
51-68.

Chiappe, D. L. & Kennedy, J. (2001). Literal bases for metaphor and similes.
Metaphor and Symbol, 16 (3&4), 249-476.

Forceville, C. (1996). *Pictorial Metaphor in Advertising.* NY: Routledge.

Gregan-Paxton, J. & John, D. R. (1997). Consumer learning by analogy: A model
of internal knowledge transfer. *Journal of Consumer Research, 24* (3), 266-
284.

Johnson, A. T. (1996). Comprehension of metaphors and similes: A reaction time
study. *Metaphor and Symbolic Activity, 11* (2), 145-159.

Leigh, J. H. (1994). The use of figures of speech in print ad headlines. *Journal of
Advertising, 23* (2), 17-33.

Morgan, S. E. & Reichert, T. (1999). The message is in the metaphor: Assessing
the comprehension of metaphors in advertisement. *Journal of Advertising,
28* (4), 1-12.

Pawlowski, D R., Badzinski, D. M. & Mitchell, N. (1998). Effects of metaphors
on children's comprehension and perception of print advertisements. *Journal
of Advertising, 27* (2), 83-98.

Petty, R. E., Cacioppo, J. T. & Schumann, D. (1983). Central and peripheral
routes to advertising effectiveness: The moderating role of involvement.
Journal of Consumer Research, 10 (2), 135-146.

Phillips, B. J. & McQuarrie, E. F. (2004). Beyond visual metaphor: A new typol-
ogy of visual rhetoric in advertising. *Marketing Theory, 4* (1/2), 113-136.

Phillips, B. J. (2000). The impact of verbal anchoring on consumer responses to image ads. *Journal of Advertising, 29* (1), 15-24.

Phillips, B. J. (1997). Thinking into it: Consumers' interpretation of complex advertising images. *Journal of Advertising, 26* (2), 77-87.

McQuarrie, E. F. & Phillips, B. J. (2005). Indirect persuasion in advertising: How consumer process metaphor presented in pictures and words. *Journal of Avertising Research, 34* (2), 7-20.

McQuarrie, E. F. & Mick, D. G. (1996). Figures of rhetoric in advertising language. *Journal of Consumer Research, 22* (4), 424-438.

McQuarrie, E. F. & Mick, D. G. (1999). Visual rhetoric in advertising: text-interpretive, experimental, and reader-response analyses. *Journal of Consumer Research, 26* (1), 37-54.

McQuarrie, E. F. & Mick, D. G. (2003). Visual and verbal rhetorical figures under directed processing versus incidental exposure to advertising. *Journal of Consumer Research, 29* (4), 579-587.

Mothersbaugh, D. L., Huhmann, B. A. & Franke, G. R. (2002). Combinatory and separative effects of rhetorical figures on consumers' effort and focus in ad processing. *Journal of Consumer Research, 28* (4), 589-602.

Roehm, M. L. & Sternthal, B. (2001). The moderating effect of knowledge and resource on the persuasive impact of analogy. *Journal of Consumer Research, 28* (2), 257-272.

The One Club for Art & Copy, (1994). The One Show: Advertising's Best Print, Radio, TV, Volume 16. Switzerland: RotoVision SA.

Tom, G. & Eves, A. (1999). The use of rhetorical devices in advertising. *Journal of Advertising Research, 39* (4), 39-43.

Toncar, M. & Munch, J. (2001). Consumer responses to tropes in print advertising. *Journal of Advertising, 30* (1), 55-64.

作品櫥窗

冰戀：汗水篇

作者：杜宇

冰戀標榜的是「乳脂肪不超過3%」，不會對身體造成負擔。因此，吃冰淇淋不必揮汗如雨的減肥，冰戀「替你省下累人的汗水」。這是Phillips與McQuarrie（2004）所謂「相關」型隱喻，廣告不是說「冰淇淋像汗水」，而是冰淇淋與汗水「都與體重有關」。

替你省下累人的汗水

冰戀Gelato
採用新鮮水果與牛奶，乳脂肪不超過3%

搜尋不到？

http://www.yahoo.com.cn

這是一個「圖文隱喻」，很像圖1-1的台北富邦銀行「空中飛人」廣告。在隱喻上，用「找跳蚤」比喻上網
為止，充滿解讀的樂趣。

來更專業、人性化的搜索專家— YAHOO!® 雅虎

Yahoo奇摩：猴子篇
作者：杜宇

的「大海撈針」，除了貼切，還很幽默。在形式上，標題「搜尋不到」點到

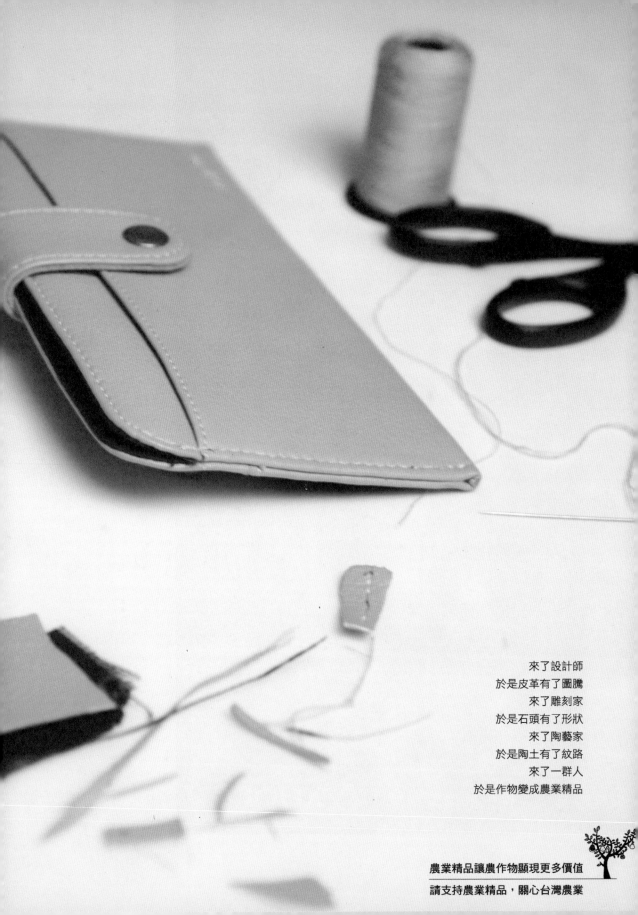

來了設計師
於是皮革有了圖騰
來了雕刻家
於是石頭有了形狀
來了陶藝家
於是陶土有了紋路
來了一群人
於是作物變成農業精品

農業精品讓農作物顯現更多價值
請支持農業精品，關心台灣農業

農業精品：皮革篇

作者：張菀芸、李卓潔

這個稿子要推廣「農業精品可以提升農產品的附加價值」。對於那些不熟悉這個概念的人來說，就像Gregan-Paxton與John（1997）的文章標題 Consumer Learning by Analogy 所說的，隱喻利用人們已知的知識，吸收未知的知識。菀芸和卓潔利用的「已知」包括：設計師讓皮革變成皮包、雕刻家讓石頭變成藝術品、陶藝家讓陶土變成陶瓷。農業精品就像這些東西一樣，讓原本不怎麼有價值的農作物身價翻漲，為農民帶來更好的收入。

農業精品：賣錢篇

作者：張菀芸、李卓潔

既然把農作物拿去做成農業精品可以賣得更好的價錢，何必秤斤賣呢？菀芸和卓潔的另一個隱喻，在視覺上比前一則廣告更吸引人。以這種方式表現，比起在語文中說「把有價值的東西拿去賣」或者「把錢秤斤賣」，讓人對「賤賣」更有感覺。這是廣告隱喻有別於語文隱喻的一個很重要的地方。

別把好東西給隨便賣了

賤賣的農作物，也許比一公斤五元的廢報紙還便宜。
因為你不知道，梅子可以製成梅精，柳橙可以釀成果醬，
連柚花也可以加入洗髮精。

農業精品，看見作物的新用途，高價值。

第三章

隱喻廣告的發展趨勢[1]

81

把隱喻廣告分成「隱喻」和「廣告」兩個層面，可以將隱喻廣告的特質看得更清楚[2]。這是根據Lakoff與Johnson（1980）的理論，他們主張當我們說「看看一路行來這麼遠了」（Look how far we've come），只是以「旅行」思考「愛情」表露在語文中的現象。換句話說，思考是隱喻的本質，語文是「表象」（surface realization; Lakoff, 1993:203）。同樣的，廣告如同語文，也可以視為隱喻思考的一種表現形式。

雖然，無論是隱喻或廣告表現形式，都有學者做過詳盡的分類（請見第一、二章），然而至今還沒有人調查過這些分類的現況。一個分類系統如果發生絕大多數的廣告都集中在某一類型上的現象，可能代表這個分類無法有效的區別廣告之間的差異。因此，調查這些分類的現況的第一層意義在於檢驗前人的分類在區辨隱喻廣告上的有效性。

其次，了解隱喻廣告現況的第二層意義是為隱喻廣告的創作和評估提供方向。這是因為常見的類型可能在人們心目中已經成為常態，想要有所突破就必須先超越這些標準。舉例來說，根據我的觀察，像圖3-1 Sony Ericsson這類的隱喻廣告，不只帶我們很快的理解手機的資料管理功能，而且這種「圖像隱喻」將兩個事物結合得真假莫辨，十分的引人注意，是現代隱喻廣告的典型。果真如此，視覺表現的重要性已經不亞於隱喻本身，在創作隱喻廣告時，需要在設計上多花一些心思。有些時候，無法透過圖像表現出來的隱喻，甚至需要被割捨。在我的教學經驗裡，因為無法有創意的透過圖像呈現出來而放棄一個隱喻，是十分常見的事。最近我有個學生發想一個「停車場像迷宮」的隱喻，來傳達「整天忙碌，下班時連車子停在哪裡都想不起來」這類「快活」（快速生活）的現象。我認為她找到一個有趣的消費者洞察，相信許多人跟我一樣有這種經驗，尤其有些停車場每個角落都長得很像，找起車子來真的很像迷宮。然而，這個點子卻一直「卡」在停車場跟迷宮如何像圖3-1這樣巧妙的結合在一起，最後只好放棄。身為一個消費者，我們幾乎將圖3-1這類巧妙的結合視為理所當然。不過，身為教師和創作者，我了解這類視覺巧思在發想上、製作上都很不容易。我認為「視覺表現」是廣告隱喻與語文隱喻最大的差別。講話的時候打個比方人人都會，在圖像上打比方，是需要相當的創意和訓練才能掌握的技巧。

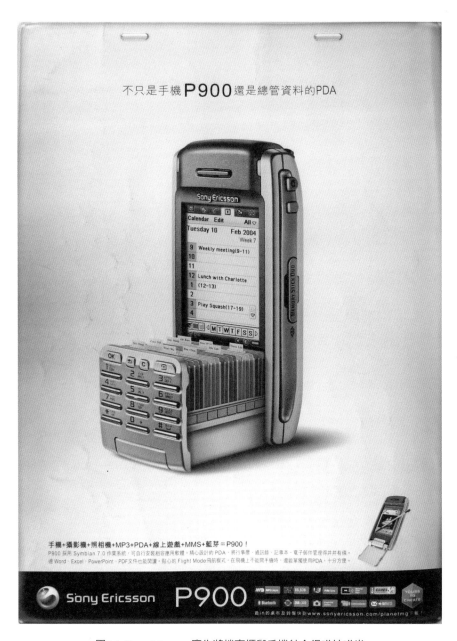

圖3-1 Sony Ericsson 廣告將檔案櫃與手機結合得唯妙唯肖

　　最後，現況調查的意義在於從廣告形態的轉變看出時代的演進，進而掌握當代消費者的特質。前人的研究顯示，不同類型的隱喻，人們理解的挑戰不同。例如，Roehm與Sternthal（2001）發現，產品知識較完備的受測者，對關係相似的隱喻有比較好的反應，產品知識較不完備的受測者，對實質相似的隱喻反應較佳。同樣的，在表現形式上，Phillips與McQuarrie（2004）認為，替代、結合是較複雜的形式，因為兩個比較的事物並沒有完整的呈現出來。倘若隱喻和表現形式有特定的發展趨勢，我們可以藉此回推消費者在處理訊息上的特色，間接對廣告的設計產生幫助。

　　從這三個動機出發，本章由過去30年國內三大報中，抽取1078則隱喻廣告進行內容分析。

相關文獻

一、時代的演進

　　時代的演進雖然細微、廣泛而複雜，但至少有三個因素可能影響譬喻廣告的發展：設計製作技術的進步、消費者處理能力的提升以及消費者對廣告的倦怠。

（一）設計製作技術的進步

　　在畫面中呈現兩個不屬於同一時空的事物，以暗示某種比較關係，是常用於繪畫或電影中的表現形式（請參考Messaris, 1997:168）。這種作法也使用在廣告中，只是因為製作技術的不同，過去和現在表現的方式也很不一樣。早年因為影像處理技術上的限制，圖像的合成常常只能透過編排設計便宜行事。例如，1983年一則銀座機車的廣告，以成群的野馬為背景，比喻機車的性能（圖3-2）。這種拼貼照片的做法，跟圖3-1的Sony Ericsson廣告比起來，在製作技術上簡單得多。而且由於早年報紙的印刷品質不佳，機車和馬群在光線的角度、飽和度、和銜接處有沒有做得很精細，人們其實不大感覺得出來。相對的，這樣的結合令人驚奇的程度，也跟圖3-1差很多。

圖3-2　1983年銀座機車廣告巧妙的把兩張照片「拼」在一起

85

　　另外一種講究一點的做法是手繪。手繪的好處是沒有影像素材取得的問題，而且形體、比例與光影完全在設計師的控制之內，所以表現的空間比較大，圖3-3即是一個典型的例子。

　　從這兩個例子可以看出，超現實、生活中拍攝不到的影像是吸引人們注意的關鍵。圖3-2的機車在現實生活中有可能跟野馬跑在一起，所以「超現實」的程度不高；相對的，圖3-3的五線譜麵條加音符拍不出來，比較能吸引目光。因此，如何把兩個不相干的事物用「想像不到的方式」結合在一起，是設計隱喻廣告的重點。以圖3-2為例，機車和野馬一起奔馳在原野上不足為奇，把機車的把手、坐墊合在馬背上，同樣是拿馬匹比喻機車，但是視覺上給人的驚奇就很不一樣。同樣的隱喻，在視覺表現上有很大的空間，有些時候，隱喻廣告的高下就決定在呈現的方式上。

圖3-3 1982年山葉電子風琴廣告的精緻手繪

（二）消費者處理廣告能力的提升

　　製作技術的進步，讓廣告得以在形式上突破，而隨著廣告表現形式的多元化，消費者理解廣告的能力也在提升。Leiss、Kline與Jhally（1990）認為廣告除了傳遞資訊，還扮演著教育消費者「視覺文法」的角色。Scott（1994）認為「看」廣告是一種學習而得的能力，消費者從接觸廣告的經驗中學會圖像語彙和廣告慣用手法。一開始很特別的廣告表現形式，隨著接觸廣告的機會增加，讓人漸漸的習以為常。相對的，創意人繼續開發新的形式來促進訊息的溝通，廣告表現形式因而不斷的演進。舉例來說，十幾年前，像圖3-4這樣的廣告是一種特殊的表現形式。第一次接觸到這則廣告時，人們會對廣告下方顛倒的標題感到

奇怪。為了讀懂This is our solution，他必須翻轉廣告，在讀懂標題的同時，意外的發現蟑螂已經六腳朝天，並且意會到創意人藉由玩弄畫面，讓消費者親身經歷廣告主張。這樣的形式獲獎之後，逐漸被應用在不同的商品上（例如有人拿來賣汽車動力方向盤如何輕鬆好轉），而且開始產生許多變化（例如把瘦弱的小朋友印在透明片上，人們翻動雜誌頁面時，會把小孩從飢貧的背景，移到對頁溫暖舒適的地方）。隨著這類廣告的普及，消費者慢慢習慣廣告可以是互動的。有了適當的「視覺文法基礎」，多數人不會誤以為圖3-1的廣告在說Sony Ericsson手機有抽屜，他們知道在廣告中看見這種怪異的組合時，大都意味著兩個東西存有某種相似處。

（取材自One show廣告獎年鑑第13輯，The One Club for Art & Copy [1991:225]）

圖3-4 1991年入圍one show獎的一個滅蟑公司廣告

廣告表現形式的演變與消費者處理能力的交互影響，發生在商業活動全球化、國際品牌需要維持形象一致性的脈絡之下。圖像隱喻這類既可以玩弄視覺失衡，又可以快速溝通訊息的表現形式，很容易跨越語言、文化的藩籬，在不同的市場上流通。這個現象，可以從專門彙集優秀廣告的雜誌上看出端倪。以歐洲廣告為主的期刊如Archive，收錄的廣告大都沒有太多文字，因為歐洲市場由許多不同的語言和文化組成；以美國廣告為主的US Ad Review則相反。廣告表現形式不只隨著商業環境的成熟跨越國界，也透過國際廣告獎、廣告年鑑在廣告圈裡交流。這些，都會帶動消費者處理廣告能力的提升。

Leiss等人（1990）認為15秒電視廣告的盛行，就是廣告形式與消費者處理能力與時俱進的產物。他們分析廣告表現形式的趨勢發現，現代的廣告越來越傾向於使用複雜的圖像符碼，讓文字扮演附屬的角色。Phillips與McQuarrie（2002）抽樣45年的平面廣告，比較修辭格的使用趨勢後發現，複雜的修辭格越來越常見，而且沒有相關的內文解釋，他們推測這是因為廣告主相信消費者具有正確拆解廣告的能力。

（三）消費者對於廣告的倦怠

Phillips與McQuarrie（2002）認為廣告主使用複雜的修辭格，是為了打破消費者對廣告的倦怠，增加處理的樂趣，因為人們對於廣告的注意力，隨著廣告的充斥與媒體的零散，變得越來越少。以往，廣告是傳遞商品訊息的重要媒介；現今在網路的時代，人們對資訊握有更多的主控權，廣告的資訊價值逐漸被取代。面對消費者淺涉的處理，廣告越來越注重娛樂價值，帶來特殊的閱讀／觀看經驗。

營造特殊處理經驗的手法與媒體有關。以影音效果、故事、敘事手法取勝的表現形式，比較適合廣播、電視媒體。平面廣告欠缺「時間」來鋪陳一個概念，講究在一眼之間，圖像、標題就能引起興趣並且溝通訊息。

只是，想要在廣告的娛樂和資訊價值之間取得平衡並不容易；以圖3-4來說，這種互動方式也許很吸引人，但是在訊息層面上就顯得比較空洞。在這方面，Messaris（1997:17）認為隱喻廣告的超現實影像既真實又違背現實，很能捉住第一眼的注意力，而且隱喻本身又能傳遞豐富

的訊息，所以隱喻廣告是很符合平面媒體需求的一種溝通手法。事實上似乎也是如此。根據我的觀察，隱喻在平面廣告中的使用率，比起電視廣告來得頻繁得多。

此外，由於圖像有比較大的表現空間，廣告中的隱喻在營造特殊處理經驗上，比語文來得有彈性。學者認為透過圖像表現的隱喻，與透過語文表現的譬喻有不同的處理程序。處理語文中的隱喻，消費者得自行想像兩個事物或概念相似之處，但是在廣告中，消費者常常是先看見了兩個事物被設計得很相像，再去解讀意義（Morgan & Reichert, 1999）。以圖3-1為例，在語文中說「手機的資料儲存管理功能像檔案櫃」，人們大概需要費一番心力去想像這兩個原本一點都不相像的事物像在哪裡；此時，我心裡浮現的手機、檔案櫃、資料管理，很可能跟你心裡浮現的很不一樣；相對的，我們對於他們相像程度的感受也就不同。但是圖3-1已經選定了這些事物，並且結合在一起；人們不再需要想像，而是「意會」圖像的含意[3]。此時，如果圖像設計饒富趣味，人們可能只需要「找到合理的解釋」，就會感覺隱喻有創意；而語文中的隱喻，則要找到「有系統的邏輯關聯性」才行。McQuarrie與Mick（2003）發現，以圖像傳遞的修辭格，比起文字來得更令人喜歡，可以間接支持圖像表現的隱喻，容易帶來特殊的處理經驗。

根據上述的討論，由於消費者對於廣告的倦怠，像隱喻這種既可以在形式上吸引人注意又可以有效率地傳達訊息的溝通手法，很有可能比起其他的手法更受廣告主的青睞。加上消費者在理解複雜的廣告表現形式時不會有困難，以及製作技術的精良，我們預期隱喻出現的頻率會越來越高。

假設一：隱喻廣告的使用頻率越來越高。

二、類型、表現形式與趨勢

（一）隱喻類型的演進

第一章提到，隱喻可以根據類比理論，區分成外觀相似、關係相似和實質相似三種，對於思考的幫助也不一樣。由於幫助思考等於讓溝通更加順利，因此探討三種隱喻的趨勢與現況，相當程度與廣告所要傳遞

的訊息，在哪一方面需要隱喻來幫助有關。

在語文中使用外觀相似，是想要生動的表達某些事物的外在特徵，藉由人們共通的生活經驗，把人事物轉換為聽者腦海中鮮明的影像，如「啊！太美了！那山谷中蒸騰著的一片雲海，像海洋中浩瀚洶湧的波濤；像草原上成群蜷伏的綿羊；像柔軟的輕絮在冉冉飄浮，一層層舒卷自如」（王熙元，1992；轉引自黃慶萱，1975）。此時說的人跟聽的人，藉由彼此對於波濤、綿羊和輕絮的共通印象，溝通景色之美。經由這種方式，景像（影像）被轉換成文字，再被還原成影像。因此外觀相似在語文中有其必要性，沒有這類隱喻，語文變得枯燥，形容一件事也顯得很麻煩。但是，在廣告中，雲海的壯麗可以透過直接呈現出來，不用借助浩瀚洶湧的波濤，甚至透過攝影、影像處理的技巧，讓人們的感受更勝親眼所見。所以，外觀相似對於廣告的幫助比較有限。例如有一則唇膏的廣告，用星光來比喻嘴唇閃亮的光澤。畫面上模特兒的嘴唇就已經有著閃亮的光澤，星光其實沒有帶給人們更獨特的感受。綜合這些想法，我們推測外觀相似的隱喻在廣告中並不常見。

在語文中使用關係相似，與外觀相似的目的和機制都不同。在目的上，外觀相似用來形容、描述事物或景象，而關係相似則是用來說理。舉例來說，電子與原子之間的關係，可以用行星與太陽之間的關係來類比。我們藉由太陽與行星之間的相互吸引、太陽比行星「大」與「重」導致行星圍繞太陽運轉的特性，來理解電子與原子的關係（Gentner & Toupin, 1986）。在機制上，人們腦海中無須浮現影像，而是映射與轉移兩者之間的邏輯關聯性。此時的關聯性，無論是有待解釋的（電子與原子之間）或是用來解釋的（行星與太陽之間），本身都是抽象的，差別在於前者是人們陌生的現象，後者是熟悉的現象。

廣告之所以需要隱喻，就是因為所要傳達的訊息陌生而且抽象。在廣告中，商品賣點大都經由創意轉換成「廣告主張」。這個主張不是賣點「本身」，而是以賣點出發，所提出的消費者問題、利益或觀念。舉例來說，Lexus汽車的賣點是「品質」，在行銷溝通上轉換為「不可能的完美工藝」的廣告主張，讓人用特殊的角度了解Lexus的品質。接下來，對於這個抽象的觀念，Lexus使用一個具象而且熟悉的事物來比

喻。廣告以舊金山金門大橋作為載體，標題寫著「每個偉大的工藝，都從不可能開始」，內文如下：

> 1921年，在全美工程師認為不可能的情況下，橋樑設計師Joseph Baermann Strauss改變了世人的看法，完成舊金山金門大橋設計圖，在海洋鹽分及潮濕迷霧的惡劣侵蝕環境下，金門大橋傲然聳立66年，並達成160億量汽車通車紀錄，完美的工程結構及傲人耐久成績，使金門大橋被譽為20世紀世界十大工藝建築之一……秉持同樣挑戰不可能的精神，全新LS430超越既有完美標準，打破車壇的不可能，連續七年榮獲J. D. Power長期可靠度之NO. 1肯定，造就車史上最值得信賴的口碑品質，入主LS430的同時，你也坐擁了最難能可貴的完美工藝結晶！

如此一來，品質、造車工藝這些抽象、複雜的概念，化身為險峻的海峽與巍峨的金門大橋之間的關聯性。同樣的，銀座機車的15匹馬力，化身為15匹奔馳的野馬；孩子們學習山葉電子風琴的快樂，化身為享用美食（吃麵）的感受；Sony Ericsson的資料管理功能化身為檔案櫃。這些，都是關係相似。因此我們預期，關係相似是廣告中隱喻的主要類型。

隱喻動人之處，部分原因在於人們沒有預期到兩個比較的事物具有關聯性。在修辭學裡，這是「偏離」人們平時的溝通經驗；在心理學裡，這是「跨」知識領域的映射。第一章提到過，相似有「程度」的差別。隨著外觀與關聯性相似程度的增加，實質相似「跨概念領域」的特質也漸漸降低，開始從「比喻」變成「比較」，其趣味性也開始降低。實質相似不只不好發想，而且即便想到，人們還是忽略外觀、看見關聯性（如人們傾向於看見「樹幹像吸管」在「吸取養分」上相似，而非「細長」）。基於這兩個理由，實質相似的隱喻可能不會像關係相似那麼常見。

具體來說，我們預期廣告中的隱喻類型會以關係相似為主，實質相似其次；因為實質相似雖然跨概念領域的性質不高，卻也還是包含「關係相似」的成分，對於理解有所幫助。外觀相似應該最為少見。在演變

的趨勢上，由於上述廣告訊息的特性（圖像可展示外觀、賣點轉換抽象的廣告主張）不會因時代而改變，我們也預期三種類型的隱喻在廣告中所佔百分比不會因時代而有所不同。

　　假設二：隱喻廣告中關係相似、實質相似、外觀相似等類型所佔的比例，不會隨時代而改變。

　　假設三：隱喻廣告中隱喻的類型，在比例上關係相似＞實質相似＞外觀相似。

（二）隱喻廣告的表現形式

　　綜合學者的分類，我們將隱喻廣告表現形式分成兩個層次。「圖像表現」層次專指兩個事物皆在圖像中呈現；「圖文表現」層次專指透過圖像與文字搭配呈現的隱喻；「文字隱喻」是新加入的類型（圖3-5）。雖然文字隱喻近似於生活中透過語文表達的隱喻，比較顯現不出廣告的特色，但文字隱喻特別適合用在需要維持圖像完整性的時候。例如，一則鑽石廣告特寫代言人許慧欣以及她手上的鑽戒，標題說「我的美麗，沒有人免疫」。此時，無論是代言人和商品，都得以完整（完美）

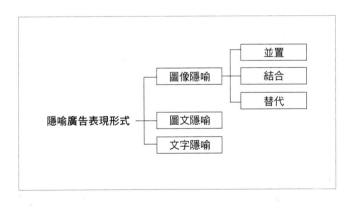

圖3-5　隱喻廣告表現形式的分類架構

的呈現，構成一個美感十足、賞心悅目的畫面。此外文字隱喻也適合用於溝通抽象的特質，如「礦泉水是大自然的恩惠」，省掉發想視覺表現的心力（但也減少了處理的樂趣）。

形式影響解讀的難易和樂趣。在圖像表現的層次上，Phillips與McQuarrie（2004）認為圖像譬喻中，「替代」是比較需要費心拆解的形式，因為兩個事物的其中一個是由背景環境暗示，完全沒有呈現出來。其次是「結合」，讀者必須從局部特徵還原完整的事物，還是有模糊、不確定性存在。而最為直接、明確的則是「並置」，人們看見事物完整的形態，在視覺上無須拆解。然而相對的，並置也比結合、替代來得無趣，因為缺乏超現實影像合成所產生的驚異（請見第二章的討論）。由於表現技術的進步、消費者對廣告的倦怠、以及處理廣告的能力越來越好，我們預期廣告主會傾向於使用較具處理樂趣的表現形式，不擔心消費者解讀的困難。

假設四：在隱喻廣告表現形式的演進趨勢中，結合與替代皆越來越多，並置越來越少。

在圖文表現的層次上，圖像隱喻同時呈現兩個事物，設計上操弄的空間比較大，視覺上的驚奇也比較多。這是因為在我們認知中，某些事物的典型形態原本並不相像。但是在廣告裡，透過創意人的巧思，卻可以融合成一個完整的形體，如圖3-1的Sony Ericsson廣告。相對的，圖文隱喻在圖像中只呈現兩個事物中的一個，操弄的空間比較小。如圖1-1的台北富邦銀行廣告，人們很單純的透過空中飛人去理解台北富邦銀行的合併，解讀樂趣完全來自兩者邏輯關聯性的相似，視覺上並無特殊之處。至於文字隱喻，雖然欠缺圖像設計所產生的驚奇，也沒有圖文互動的趣味，但適合表現抽象的「意境」，用途不容易被圖像取代，因而比較不受表現技術演進的影響。由於在廣告環境裡，爭取注意力是第一要務，因此我們假定，只要技術、資源允許，創意人會盡力讓廣告引人注目。

假設五：在隱喻廣告表現面的演進趨勢中，圖像隱喻所佔的比例越來越多，圖文隱喻越來越少，文字隱喻則維持不變。

對於「視覺上的驚奇」，除了觀察圖像隱喻、結合／替代等表現形式的比例，視覺失衡的現象是另一個衡量的指標。我們預期隨著製作技術的進步，惟妙惟肖的圖像組合會越來越常見，所以視覺失衡有變多的趨勢。以圖3-2為例，現在的技術至少可以做到「空間失衡」，讓人誤以為機車與成群野馬奔馳在原野上。而圖3-1的Sony Ericsson手機與檔案櫃的結合，就牽涉到大小（抽屜的體積跟手機差很多）、空間（抽屜不會出現在手機的鍵盤部位）的失衡，人們容易覺得不對勁[4]。本章引用陳美蓉與張恬君（2001）的分類，根據廣告中常見的失衡現象，以大小、形狀、材質、重量、空間、時間、狀態等七種失衡，觀察圖像隱喻的演變。

假設六：在隱喻廣告表現形式的演進趨勢中，視覺失衡的現象越來越多。

94

研究方法

一、樣本來源

本研究選擇報紙為母體，因為資料保存完備，方便進行跨三十年的抽樣。抽樣期間從1974年1月至2003年1月。其中，1991年12月以前，母體只包含中國時報和聯合報。中國時報每年以單數月、聯合報以雙數月，每月各抽三則。1992年起三家報紙輪替，一月份中國時報抽三則，二月份聯合報三則，三月份自由時報三則。最終獲得樣本1080則。其中，中時、聯合皆有468則，各佔43.3%；自由時報144則，佔13.4%。

為了能夠抽取足夠的隱喻廣告進行分析，本研究採用立意抽樣的方式選取隱喻廣告。然而，由於沒有抽取非隱喻的廣告，所以不能計算隱喻廣告相對於一般廣告的使用頻率百分比。為此，我們在抽樣時記錄翻閱次數（翻閱幾則廣告才抽到樣本）和天數（翻閱幾天才抽到樣本），理由是翻閱的次數越多，代表使用的頻率越低。而天數，則是用以平衡報紙廣告數量隨年代增多的問題。同樣翻10次才找到的廣告，三十年

前可能經過了三天，現在只要一天，可見因為廣告量的不同，10次在過去、現在有不同的意義。說三十年前翻10次跟現在翻10次的廣告一樣難找，似乎有欠公允。

抽取隱喻廣告時，每月第一則的日期、版面以簡單隨機抽樣的方式開始。該月份第二則隱喻廣告接續在第一則之後繼續翻找，翻閱次數和天數重新開始記錄，第三則亦同。如翻閱至該月份最後一天還找不到，回到當月第一天接續；如當月無法找足三則隱喻廣告，則以同年同月份的其他報紙替代。

二、類目

根據前面的文獻探討，本章在隱喻廣告的「隱喻」層面上，整理出關係、實質、外觀相似等三種類型；在「廣告表現」的層面上，分成表現形式以及圖像隱喻，分別整理出圖像、圖文、文字隱喻，以及並置、結合、替代等類型。最後，視覺失衡包含大小、形狀、材質、重量、空間、時間、狀態等七種。詳細類目及出處整理如表3-1。

表3-1 研究中的類目

變數	類目	出處
隱喻的類型	關係相似、實質相似、外觀相似	Gentner & Markman (1997)
隱喻廣告表現形式	圖像譬喻、圖文譬喻、文字譬喻	Forceville (1996)
圖像隱喻	並置、結合、替代	Forceville (1996) Phillips & McQuarrie (2004)
視覺失衡	大小、形狀、材質、重量、空間、時間、狀態	陳美蓉與張恬君（2001）

三、編碼（Coding）

編碼員共三位，皆為設計研究所學生，其中一位為是我指導的研究生[5]。判讀程序與類目定義先製成Powerpoint，對編碼員進行訓練。在正式開始之前進行兩次前測，兩兩計算相互同意度之後，再計算信度（王石番，1989）。第一次信度為0.8，經過進一步的討論之後進行第二次前測，信度為0.91。判讀時三位分頭進行，不一致的答案在所有廣告判讀結束後由三位討論取得共識。正式判讀信度為0.88。

研究結果

兩個樣本因為檔案毀損而剔除，所以實際進入分析階段的廣告共1078則。

對於使用頻率的趨勢分析，本章援用Phillips與McQuarrie（2002）的做法，出現頻次以三年做為一個區段加總，所以三十年的變化可以用十個區段來觀察[6]。統計上，將三十年切割成前、後各十五年，視依變項的性質，以卡方、t、或相關係數r進行檢定。表3-2呈現十個時間區段所涵蓋的年份。

表3-2　本研究將三十年切割成十個階段以觀察趨勢的變化

階段	1	2	3	4	5	6	7	8	9	10
起訖年份	1974 1976	1977 1979	1980 1982	1983 1985	1986 1988	1989 1991	1992 1994	1995 1997	1998 2000	2001 2003

一、隱喻廣告使用頻率

　　我們將翻閱天數開根號，再與翻閱次數相乘，得到一個「搜尋難易指數」。相乘的目的是用來平衡過去與現在廣告量的差異。而開根號的目的，則是適度的減低天數的影響強度。例如，同樣翻10次才找到的廣告，三十年前可能經過了三天，現在只要一天。將天數開根號相乘之後，兩則廣告的搜尋難易指數分別為17.3和10，似乎比較能夠真實反應兩者出現頻率的差異。

　　隱喻廣告在十個階段中的搜尋難易指數如表3-3，繪製成圖之後可以發現數值有減少的趨勢，代表隱喻廣告的使用越來越頻繁（見圖3-6）。計算搜尋指數與十個階段的相關係數，證實隱喻廣告出現的機率的確隨時間遞增（$r = -0.26$, $p < 0.000$）。比較前十五年（M = 32.2）與後十五年（M = 12.66）平均搜尋難易指數，差異亦達顯著水準（$t (1076) = 8.79$, $p < 0.000$）[7]。因此，我們可以說隱喻廣告的使用越來越頻繁。假設一獲得支持。

表3-3　每一階段的翻閱次數、搜尋難易指數、以及視覺失衡數量

時間階段	翻閱次數	難易指數	視覺失衡	樣本數量
1	10.23	25.62	.31	107
2	15.47	41.55	.32	108
3	17.46	43.20	.38	108
4	13.69	32.66	.46	108
5	9.89	17.89	.44	108
6	9.70	15.39	.31	108
7	8.82	13.47	.44	108
8	9.66	15.20	.53	108
9	7.77	11.22	.66	107
10	5.68	7.99	.56	108

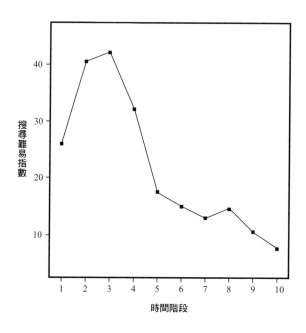

圖3-6 搜尋難易指數隨時間階段的轉變

二、隱喻類型的變化

　　假設二推測隱喻廣告中，外觀、關係和實質相似等三種隱喻類型，所佔的比例不會隨時代而改變。觀察十個階段隱喻類型的使用頻率發現，關係相似一直維持著90%左右的使用頻率，沒有明顯的變化（見圖3-7）。外觀相似與實質相似的出現頻率雖然有些許的波動，但是變化都很小。以卡方檢定前、後十五年三種類型的分布，差異並不顯著（$\chi^2(1, N = 1048) = 4.85, p > 0.05$）。支持假設二的推論。

　　假設三預期，三種隱喻類型中，以關係相似佔最高比例，其次是實質相似、外觀相似。由於三種隱喻類型的出現頻率沒有因時間階段而有所不同，因此我們直接觀察所有樣本中，三種隱喻類型的百分比。結果發現，關係相似的隱喻數量最多，佔90.6%；而實質相似與外觀相似卻沒有太大差別，分別佔5.9%和3.5%。因此，假設三獲得部份的支持。

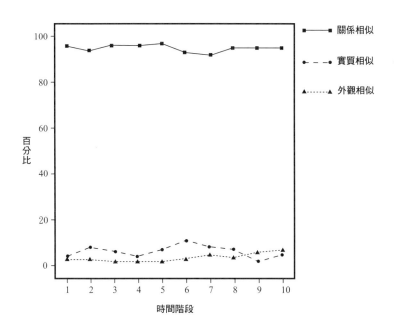

圖3-7　在隱喻類型上，關係、實質、外觀相似隨時間階段的轉變

三、表現形式的變化

　　本研究將表現形式分成「圖像表現」和「圖文表現」兩個層面觀察。在圖像表現上，假設四推測結合與替代皆逐漸變多，並置沒有。觀察數量的變化發現，結合明顯的在增加，並置在減少，而替代則看不出趨勢（見圖3-8）。在百分比上，並置前、後十五年佔58.5%、36.5%，結合前、後十五年佔31.7%、52.4%，替代前、後十五年佔9.8%、11.1%，具有顯著的差異（$\chi^2 (2, N = 457) = 23.23, p < 0.000$）。由於替代的變化不大，我們可以說「圖像表現」上的差異，主要是來自並置的逐漸減少，以及結合的逐漸增加。假設四得到部份的支持。

　　在圖文表現層面上，前五個階段三種表現形式沒有明顯的趨勢，但到了後半時期，圖像引喻增加、圖文隱喻逐漸減少的趨勢逐漸浮現（見圖3-9）。在百分比上，圖像隱喻自第六階段的35.2%，緩緩增加

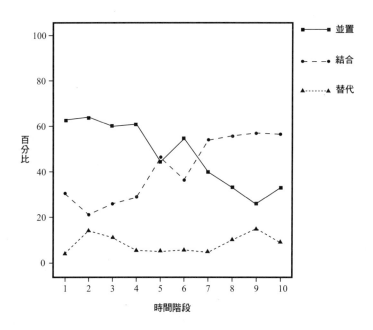

圖3-8　在圖像表現上，並置、結合、替代隨時間階段的轉變

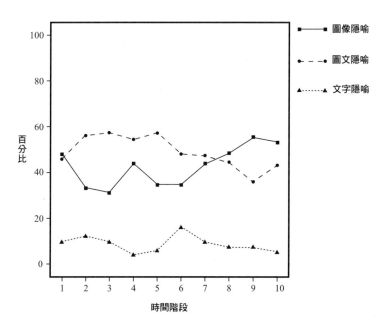

圖3-9　在圖文表現上，圖像隱喻、圖文隱喻以及文字隱喻隨時間階段的轉變

到第十階段的51.9%，圖文隱喻從57.4%減少到第九階段的37.4%、第十階段的41.7%。而文字隱喻，則從頭至尾沒有具體的趨勢，前三階段在10%左右，最高是第六階段的16.7%，後三階段也沒有離開10%太多。將出現頻率分成前、後十五年檢定，圖像隱喻前、後十五年分別佔38%、46.8%，圖文隱喻53.2%、43.4%，文字隱喻8.7%、9.8%，差異達顯著水準（χ^2 (2, N = 1078) = 10.59, p < 0.01）。因此，整體來說，在圖文表現層面上，我們所獲得的資料支持假設五的推測。

　　假設六預期圖像譬喻中視覺失衡的數量會越來越多。將十個階段的平均失衡數量製圖之後，可以觀察到此一趨勢（見表3-3、圖3-10）。失衡數量，除了第六階段有不規則的波動之外，從前三階段0.3左右，漸漸增加到後三階段的0.5左右。計算數量與時間階段之間的相關係數，證實失衡的確越來越多（r = 0.12, p < 0.000）。比較失衡數量，前十五年平均值為0.38，後十五年0.5，差異亦達顯著水準（t (1076) = -2.46, p < 0.05）。

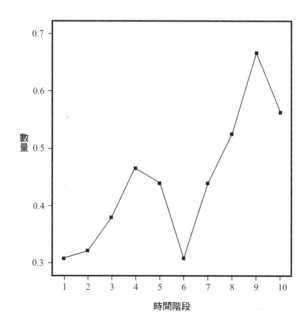

圖3-10　視覺失衡數量隨時間階段的轉變

研究結果討論

一、整體趨勢的演進

　　整體來說，三十年來隱喻廣告的質與量一直在轉變。在數量上，隱喻廣告越來越常見。在品質上，「形式」是主要的差異。從「圖文表現」層次看，圖像隱喻越來越多，從「圖像表現」層次看，結合越來越多。此外，視覺失衡的現象也持續在增加。過去的隱喻廣告，常是在圖像中呈現一個事物，再透過文字賦予其他的意義，如1977日本亞細亞航空廣告的畫面呈現穿著新制服的空姐，標題是「享受別出心裁的空中花園」。現在的隱喻廣告，常將兩個事物巧妙的結合起來，如圖3-1的Sony Ericsson廣告。兩種做法的主要差異在於前者依賴文字傳達隱喻，後者完全透過圖像表達。這代表（1）現代廣告越來越注重視覺刺激；（2）消費者處理視覺訊息的能力也越來越好；（3）廣告中的隱喻注重圖像設計，一則隱喻廣告除了打個好比方，還要構思圖像表現的創意；（4）譬喻廣告的溝通的效益，似乎同時取決於隱喻「與」圖像表現。

　　值得注意的是，相對於表現形式的轉變，隱喻類型一直以「關係相似」為主，顯示隱喻在廣告中的主要價值，還是以事物或概念之間的「關聯性」輔助溝通。然而另一方面，這也可能代表著外觀、關係和實質的分類方式，不能完全區別隱喻的轉變。在判讀廣告的過程中發現，同樣「關係相似」的廣告，有些一目了然，像天寶商業大樓用破殼雞蛋來比喻推出上市；有些耐人尋味，像虹牌油漆特寫文蛤的殼一正一反，說「油漆要內外有別」。兩者主要的差異似乎在於共享的「關聯性」多寡不同。文蛤內殼與蛤肉具有「提供舒適生活」的關聯性，外殼與環境具有「提供堅固防護」的關聯性，而生活與防護又具有「內外有別」的關聯性。這些關聯性環環相扣成一系統，貼切而完整的解釋油漆和房子之間的關係。相對的，上市與雞蛋的相似性顯得淺薄許多。因此，觀察廣告中隱喻的類型，可能需要輔以能夠區別關聯性是否「豐富」的分類方式。

　　除了整體趨勢之外，我也發現一些波動，包括（1）隱喻廣告在第一階段並不難找，其搜尋難易指數在前個五階段中僅高於第五階段；（2）視覺失衡的數量一路上升，但是到了第六階段卻落到谷底；（3）

到了第十階段，並置、圖文隱喻一反減少的趨勢開始增加，而且視覺失衡也背離增加的趨勢突然變少。因此我反覆的檢視樣本資料，並且參考相關文獻，試圖了解背後的原因。

二、波動背後的原因

早在有「廣告」之前，譬喻就已經普遍存在於語言中，所以隱喻廣告只是隱喻思考的正常延伸。廣告中的隱喻與語言中的主要差異，在於廣告中的隱喻需要透過圖、文表現，因此當隱喻廣告的出現頻率有所變化，我們從廣告設計風格和圖像表現技術的角度去觀察樣本。

第一階段（1974-1976）的廣告設計講究清楚而完整的呈現產品，當時常見的隱喻廣告形式有兩種。一是透過編排將照片與產品擺在一起構成圖像「並置」，二是照片本身就是產品，透過文字賦予特殊意義構成「圖文隱喻」。這兩種形式都能維持產品的完整性，而且不需要複雜的製作技巧，可能是造成隱喻廣告常見的原因之一。此外，這個時期還可以見到不少手繪的表現。手繪是表現「結合」的簡便手法，此時的手繪合成雖然粗糙，但是與當時廣告設計的精緻程度相較，還不至於顯得突兀（請見圖3-11 1974年中國信託廣告），這似乎是隱喻廣告常見的另一個原因。

接下來，台灣經濟的蓬勃發展帶動廣告「質」的改變。賴東明（1989:31）說「在1980年前是供給少於需要，品類少數量多，被迫購買的生產者導向階段。但從1980年後一些經濟現象顯著的表露出來，需要少於供給，品類多數量少…面臨這種趨勢，廣告不能再拘泥過去的『以商品為主角』的方式，而漸提升為『以人為主角的方式了』。他認為廣告在1980年之後，開始「有判然不同的表現」。鄭自隆（1999:31）將1976-1988視為台灣廣告業的競爭期，這個時期「社會與政治的快速變遷，也間接促成廣告表現的改變，以往以商品特質導向的硬銷（hard-selling）方式，逐漸轉向以消費者為主體，訴求人性、感性的軟銷（soft-selling）方式」。

在這樣的時代背景之下，廣告設計越來越重視畫面的精緻度以及圖像扮演的角色。第二、三階段隱喻廣告變少，可能是設計品味的提升，拉高了隱喻廣告的門檻。這個時期粗糙的手繪越來越少，優美的圖像變

圖3-11　1974年中國信託廣告
　　　　使用手繪做簡單的合成

多，圖文隱喻是主流，而且產品在畫面上的份量逐漸變小，所以圖像「並置」變少。但是，圖像「結合」的嘗試並未停止，常見的做法有兩種，一是影像的拼貼（見圖3-12 1982年新光仰德華廈廣告），二是精緻的手繪（見圖3-3 1982年山葉電子風琴廣告）。這趨勢隨著1980年代中期商業攝影、噴畫技術的成熟（林品章，2003:219），發展到第四、五階段可以說是圖文隱喻的全盛時期。在此同時，隱喻廣告的出現頻率也急遽升高。

　　第六階段（1989-1991）似乎是個轉折期。圖文隱喻變少了，文字隱喻變多了；結合變少了，並置變多了。在我們所蒐集的文獻裡，看不出背後有其他原因，所以大膽假設這些現象反應著新、舊製作技術正在交替。因為從第七階段（1992-94）開始，設計數位化發展成熟（賴

圖3-12　1982年新光仰德華廈廣告以影像拼貼的方式做影像合成

建都，1997；林品章，2003:244），此後隱喻廣告形式有一段穩定的發展。果真如此，那麼第六階段表現形式的變化，可能代表拼貼、手繪已經顯得過時，但新的合成技術還沒完全到位。

　　另一波轉折出現在第十階段，此時圖文隱喻、並置都變多，視覺失衡變少。這可能是一時的波動，但也許更令人疑慮的是近幾年國內廣告市場結構性的轉變所產生的影響。賴東明與劉建順（2003:16）說「大中華經濟圈的轉變，使得台灣原具有相當優勢的廣告活動運籌中心，也將被迫產生位移作用…據保守估計，由台灣前往大陸工作的資深廣告人，包括製作與設計人員為數上千…對台灣廣告事業的服務績效與空洞化問題，是個相當嚴重的考驗」。由於隱喻廣告除了打好比方，構思圖像表現的創意是另一個挑戰，本階段的圖文隱喻、並置的增加，有可能是資源有限的情況下所衍生的變通辦法。這需要更長的時間或更深入的資料觀察。

三、假設檢定結果的檢討

假設三預期實質相似會比外觀相似來得常見。雖然研究結果在方向上與預期相符，但兩者卻沒有明顯的差別。可能的原因是實質相似「跨」概念領域的性質，沒有關係相似來得濃厚，對於思考的幫助有限。例如，上述的油漆廣告，用「磁磚」比擬「內外有別」就成了實質相似的隱喻。然而，磁磚與油漆同屬建材，以屋裡屋外要貼不同的磁磚，來解釋屋裡屋外要上不同的油漆，似乎沒有像「文蛤」那樣離開建材的概念領域，以自然界的生物現象來說明環境的差異，來得具有解釋力。

假設四預期結合與替代，都因為製作技術的進步而越來越常見，但研究結果顯示替代並沒有明顯的趨勢存在。這可能是因為兩個比較的事物之中有一個是透過環境背景暗示（替代），在視覺上不夠清楚。此外，在創意發想上，結合似乎比替代來得容易一些。以圖2-1的Savrin汽車廣告為例，同樣是沙發與汽車後座的隱喻，在發想時，直接結合一部分的汽車後座與一部分的沙發，似乎比透過照後鏡中的倒影暗示來得單純。

結論

從CSI犯罪現場，轉台看到黃金眼，再轉台看到第一滴血，可以明顯感覺現代許多影片的取景、運鏡、與剪輯，都假設我們有能力解讀複雜的影音符碼。同樣的，以檔案櫃比喻手機的資料管理功能，以往的作法可能是左邊放一個檔案櫃，右邊放一隻手機。現在的作法，則是擷取一個抽屜代表檔案櫃，巧妙的與手機結合成一個完整而又特殊的影像，而且在標題、內文裡都沒有對檔案櫃多做解釋。這代表廣告主對於消費者理解能力有信心，認為他們有能力解讀複雜的影像符碼。從這個角度看，本研究的結果讓我們瞭解在行銷溝通上，消費者的處理能力發展到什麼程度。研究發現：（1）隱喻廣告越來越常見。（2）在隱喻類型上，「關係相似」一直佔有90%左右的比率。（3）隱喻廣告的表現朝向可以帶來特殊處理經驗的形式發展，圖像隱喻越來越多，圖文隱喻越來越少；結合越來越多，並置越來越少。（4）廣告中有10%左右的隱喻，是以文字（標題）的形式呈現。（5）圖像隱喻中，視覺失衡的現象越來越多。此外，我們進一步推論一則隱喻廣告除了要有適切的譬喻，還需要圖像表現的創意。相對的，隱喻廣告的溝通的效益，似乎同時取決於隱喻「與」圖像表現。

在應用上，常用的形式不等於好的形式。將形式予以量化，並非意圖精進設計能力。這些表現形式是消費者處理能力與廣告主溝通技巧相互調整之後的產物，可以視為「現代廣告視覺語法」的一部份，做為後續分析和創作的參考。

在研究限制上，本研究只取樣報紙，推論至所有平面廣告時可能需要考慮雜誌的讀者特質、印刷品質、刊登廣告的產品類型皆與報紙不同，而有所保留。

註釋

1. 本章改寫自吳岳剛、呂庭儀（2007）。

2. 類似的分類請見周世箴（2006: 66）。他從修辭的角度討論譬喻時，將語文中的譬喻分成「表達層面」與「認知層面」。前者是指喻體、喻依、喻詞等文句結構，後者是指譬喻「跨概念領域」的思考。

3. 此處的「想像」與「意會」並無學理上的依據，純粹是一般性的用法。想像指的是一個人在沒有看到具體的廣告（設計）之前，憑藉著自己過去對手機和檔案櫃的印象，去想像兩者像在哪裡。想像是以「心像」（mental image）為主要機制，請參見Lakoff（1993）以及Gibbs與Bogdonovich（1999）對這方面的研究）。而意會，則是一個人從已經設計好的廣告圖文中拆解出其中的含義。

4. 本文並未主張失衡的數量越多，圖像就越引人注意。然而，我們的確認為失衡的數量與製作技術有關。在其他條件均相同的情況下，兼具大小與空間的失衡，在執行上應該會高於只有大小失衡。以手機與檔案櫃的結合為例，大小失衡是將手機放大或檔案櫃縮小，但加上空間失衡，還要讓檔案櫃的抽屜出現在手機的鍵盤處。

5. 這位研究生是知道研究假設的。

6. 此處以三年為一個區段是援用Phillips與McQuarrie（2002）的作法，以便於簡化30年的資料，看見整體的趨勢。據我所知這樣做沒有學理依據，亦非暗示三年是一個廣告質變的階段。

7. 值得關切的是，將翻閱天數開根號還是可能過度放大天數的影響。因此我們將翻閱天數排除在外，單純計算翻閱次數的變化，得到的相關係數（$r = -0.22$, $p < 0.000$）、平均值差異（$M_{前十五年} = 13.36$, $M_{後十五年} = 8.33$, $t(1076) = 7.06$, $p < 0.000$）依舊顯著。

參考文獻

王石番（1989）。《傳播內容分析法：理論與實證》，台北：幼獅文化事業。

周世箴（2006）。《我們賴以生存的譬喻》，台北：聯經。（原書La-koff, G. & Johnson, M. [1980]. *Metaphor We Live By*. NY: Harcourt Brace Jovanovich.）

林品章（2003）。《台灣近代視覺傳達設計的變遷》，台北：全華。

黃慶萱（1975）。《修辭學》，台北：三民書局。

陳美蓉、張恬君（2001）。〈視覺失衡原理與設計創造之同時性〉，《商業設計學報》，第7期：123-134。

吳岳剛、呂庭儀（2007）。〈譬喻平面廣告中譬喻類型與表現形式的轉變：1974-2003〉，《廣告學研究》，28：29-58.

鄭自隆（1999）。〈廣告與台灣社會：戰後50年的變遷〉，《廣告學研究》，13：19-38。

賴東明、劉建順（2003）。《轉捩點上的台灣廣告事業及其未來專案研究》，未出版研究報告。

賴東明（1989）。〈十年來的廣告與經濟〉，《廣告十年》，台北：時報。

賴建都（1997）。〈我國電腦印前設計發展概況分析〉，《廣告學研究》，8：129-152。

Forceville, C. (1996). *Pictorial metaphor in advertising*. London/New York: Routledge.

Gentner, D. & Markman A. B. (1997). Structure mapping in analogy and similarity. *American Psychologist, 52* (1), 45-56.

Gentner, D. & Toupin, C. (1986). Systematicity and surface similarity in the development of analogy. *Cognitive Science, 10,* 277-300.

Gibbs Jr., R. W. & Bogdonovich, J. (1999). Mental imagery in interpreting poetic metaphor. *Metaphor and Symbol, 14* (1), 37-44.

Lakoff, G. (1993). The contemporary theory of metaphor. In A. Ortony (Ed.), *Metaphor and Thought* (2nd ed.), NY: Cambridge University Press.

Lakoff, G. & Johnson, M. (1980). *Metaphors We Live by*. NY: Harcourt Brace Jovanovich.

Leiss, W., Kline, S. & Jhally, S. (1990). *Social communication in advertising* (2nd ed.), Ontario: Nelson Canada.

Messaris, P. (1997). *Visual Persuasion.* CA: SAGE Publications, Inc.

McQuarrie, E. F. & Mick, D. G. (2003). Visual and verbal rhetorical figures under directed processing versus incidental exposure to advertising. *Journal of Consumer Research, 29,* 579-587.

Morgan S. E. & Reichert T. (1999). The message is in the metaphor: Assessing the comprehension of metaphors in advertisement. *Journal of Advertising, 28* (4), 1-12.

Phillips, B. J. & McQuarrie, E. F. (2002). The development, change, and transformation of rhetorical style in magazine advertisements: 1954-1999. *Journal of Advertising, 16* (4), 1-13.

Phillips, B. J. & McQuarrie, E. F. (2004). Beyond visual metaphor: A new typology of visual rhetoric in advertising. *Marketing Theory, 4* (1/2), 113-136.

Roehm, M. L. & Sternthal, B. (2001). The moderating effect of knowledge and resource on the persuasive impact of analogy. *Journal of Consumer Research, 28* (2), 257-272.

Scott, L. M. (1994). Images in advertising: The need for a theory of visual rhetoric. *Journal of Consumer Research, 21* (2), 252-273.

Solso, R. L. (1994). *Cognition and the Visual Arts.* Cambridge: MIT Press.

The One Club for Art & Copy, (1991). The One Show: Advertising's Best Print, Radio, TV, Volume 13. Switzerland: RotoVision SA.

速度與順序，你自己決定。

暫停一下，思考死亡這個議題。

認真面對生命，自己決定生活的速度與順序。

有時候很忙，有時候很累，有時候很無力，有時候很混亂。

更多的時候很在意，在意穿著，在意成就，在意周遭對自己的評價。

所以儘管經常想著要讓生命有意義，我們更常把每天的行程託付給別人，而非自己。

所以儘管知道生命的盡頭就在那裡，我們只記得今天必須完成的工作，忘記過了今天，距離盡頭又靠近了些。

如果你願意，請你暫停一下，思考死亡這個議題。

如果你相信，認真思考死亡，才能認真面對生命。

如果你決定，認真面對生命，自己決定生活的速度與順序。

如果你有空，歡迎來看看我們對於認真面對生命這個議題的作品。

主辦單位 **HAPPITUDE** 對的態度 ▶ 真的快樂
國立政治大學廣告系
第十八屆跨媒體創作學程畢業展
http://happitude.nccu.edu.tw

特別感謝 財團法人(台灣)安寧照顧基金會 中華民國 Hospice Foundation of Taiwan
安寧療護諮詢專線：0800-008-520 劃撥帳號：14875053

張啟華文化藝術基金會
許禮安先生
豐全電機實業有限公司

面對死亡：時鐘篇

作者：盧怡安、楊子葦

這個作品很有技巧的使用本章先前提到的「旋轉版面」手法。怡安和子葦把時鐘上的刻度移除，利用「沒有刻度的時鐘，你可以自己決定現在幾點」，隱喻一個人可以決定自己周遭人、事、物的重要性，以及生活步調。

　　寫在四邊、四個方向的標題，一方面引導人們旋轉時鐘，一方面傳達廣告主張。透過這則廣告，怡安和子葦希望人們「暫停一下，思考死亡這個議題」，「認真面對生命，自己決定生活的速度與順序」，然後主張「認真思考死亡，才能認真面對生命」。

　　雖然這不是一個新鮮的表現形式，但是我認為用來隱喻「生活的速度與順序」十分適切，讓隱喻在旋轉版面的過程中被「體驗」。

　　內文：

　　有時候很忙，有時候很累，有時候很無力，有時候很混亂。

　　更多的時候很在意，在意穿著，在意成就，在意周遭對自己的評價。

　　所以儘管經常想著要讓生命有意義，我們更常把每天的行程託付給別人，而非自己。

　　所以儘管知道生命的盡頭就在那裡，我們只記得今天必須完成的工作，忘記過了今天，距離盡頭又靠近了些。

　　如果你願意，請你暫停一下，思考死亡這個議題。

　　如果你相信，認真思考死亡，才能認真面對生命。

　　如果你決定，認真面對生命，自己決定生活的速度與順序。

　　如果你有空，歡迎來看看我們對於認真面對生命這個議題的作品。

（這則廣告刊登在1065期的商周雜誌）

作品櫥窗

我每天走這條路上班，懸崖形成的原因，不是板塊推擠，也不是冰河作用，而是因為人與車對自行車騎士的不尊重。　尊重人　尊重騎自行車的人　　自行車通勤　Commute by Bike

自行車通勤：懸崖篇

作者：黃柏超、梁可依

在台灣，利用自行車作為通勤的工具所面臨的困難之一，就是駕駛人薄弱的「路權」觀念。馬路上，小車讓大車、行人讓小車的「食物鏈大吃小現象」好明顯。但是仔細想想，車無論大小，都是「人」使用，人在道路上的權力（路權），不應該因為車的大小而改變。

根據柏超和可依的觀察，我們都市裡的自行車道有很多時候就是「水溝蓋」；人們「在水溝蓋上騎自行車，就好像騎在懸崖上戰戰兢兢」。這個隱喻聽起來還可以，但見到了柏超、可依呈現懸崖的方式，應該會更有感覺。這，就是現代隱喻的趨勢----重視視覺表現。

內文：

我每天走這條路上班，懸崖形成的原因，不是板塊推擠，也不是冰河作用，
而是因為人與車對自行車騎士的不尊重。

第四章
一個新的隱喻廣告分類[1]

117

　　請見圖4-1流浪動物之家的廣告。畫面上我們看見戒指盒裡裝著一個項圈，在平時的解讀經驗裡，廣告似乎傳達「項圈像戒指」之類的訊息。然而仔細想想，這兩個東西似乎沒有直接的關聯性；現實生活中，項圈其實一點都不像戒指。在參照標題「抉擇一剎那，承諾一輩子，養狗前請考慮清楚」之後，我們終於意會廣告要說的是「養狗像結婚」。因此，真正相似的不是項圈和戒指，而是他們所代表的概念（養狗與結婚）。這是一種特殊的隱喻廣告形式，至少在四個方面有別於一般的隱喻廣告：（1）在設計這種廣告時，除了發想「養狗像結婚」，還必須將這個隱喻轉換成適當的事物（項圈和戒指）代表，才能在畫面上呈現出來；（2）這類廣告的圖像無法傳遞完整的訊息，人們在解讀時必

圖4-1
流浪動物之家
以結婚隱喻養狗

（取材自第21屆時報廣告金像獎專輯，時報廣告獎執行委員會〔1999:55〕）

須依賴文字的輔助；（3）項圈／養狗、戒指＼結婚之間的關聯性容易受到文化、生活經驗的影響，理解的挑戰性比較高，誤解的可能性也比較大；（4）當人們有需要回想起這類廣告時，圖像與文字符碼必須並存，才能完整的再現廣告原意。

　　對於這種隱喻，目前在廣告學門中還無法完善的歸類。以Forceville（1996）的分類觀之，這屬於替代，也就是兩個比較的事物中，有一個透過環境背景暗示，（戒指）並未真實呈現。然而，這種純粹以「表現形式」為依據的分類，其實無法完全區辨「養狗像結婚」與圖4-2 Savrin汽車「後座像沙發」的差異。這則廣告也是替代，汽車座椅沒有呈現而是經由照後鏡暗示。但是，後者所比較的是具體的事物，後座指的是後座、沙發就是沙發，隱喻的含意就如同圖像所傳遞的，沒有

圖4-2　Savrin汽車以沙發隱喻後座

（取材自2004年12月的自由時報）

因標題而改變，也比較不會受到文化、生活經驗的影響。而且，記得圖像就等於記住完整的隱喻，文字訊息並未扮演關鍵的角色。

Phillips與McQuarrie（2004）的分類在「表現形式」之外加入「隱喻含意」，因而更加完善。在表現形式上他們援用Forceville（1996）的替代、結合和圖像明喻；在隱喻含意上他們將兩個事物之間的相似處區分成「相關」、「相似」和「相異」，分別代表兩個事物「皆與某個概念有關」、「相像」以及「雖然相像，但是某個特質不同」。然而以此觀看圖一、圖二，「養狗像結婚」與「後座像沙發」仍舊有以下問題：（1）兩者在表現形式上同屬替代，在隱喻含意上都是「相似」，所以這個分類方式還是無法區辨他們在設計、理解、回憶上的差異；（2）呂庭儀（2006）抽樣30年的隱喻廣告進行內容分析，發現Phillips與McQuarrie「隱喻含意」中的「相似」，就佔了93.2%，因此他們對於隱喻含意的分類不能有效的區分隱喻廣告；（3）在表現形式上，這種分類方式排除了圖像、文字互動的隱喻（Forceville〔1996〕所謂的「圖文隱喻」）。但是在吳岳剛與呂庭儀（2007）的樣本中，圖文隱喻佔了48.3%，實在不容忽視。

有鑑於此，本文將「隱喻乃是根植於兩個事物之間的相似」視為隱喻廣告的前提，不再區分相似性的類型，轉而把焦點鎖定在比較的是「具象」的事物或是「抽象」的概念，並且產生具象轉具象、抽象轉具象、具象轉抽象、抽象轉抽象等四種變化。此外，再加入Forceville（1996）的圖像隱喻、圖文隱喻，發展出八種隱喻廣告的類型。以此觀之，圖4-1與圖4-2的差別在於圖4-1是屬於「抽象喻抽象」型的隱喻，圖4-2是「具象喻具象」型的隱喻。這個新分類的好處，在於更能區別隱喻廣告之間的差異，而且把設計製作上的難易、消費者理解的過程、以及記憶效果納入考量。

本文首先探討廣告中的隱喻與轉喻、抽象與具象、以及圖像與圖文隱喻，然後重新分析先前研究取得的數據。在得知八種類型的使用現況之後，濃縮為五種，產生最後的分類。

相關文獻

一、廣告中的隱喻與轉喻

根據近代認知語言學的研究，隱喻（metaphor）與轉喻（metonymy）都是日常生活中不可或缺的認知機制，修辭只是以隱喻或轉喻的方式思考，表露在語文中的現象（Barcelona, 2000）。當我們說「理論『基礎』」、「『推翻』論點」，是以「建築物」思考「理論」表露在語文中的現象。而以「新『手』」、「點『人頭』」、「幫派『首腦』」指涉一個人，也是生活中「以部分代替整體」思考習慣的表象。

隱喻與轉喻的共通處在於兩者皆根植於「概念域」（conceptual domain），意指人們對於特定事、物的相關知識與經驗的集合。在心理學上，「域」的內容包含實體、屬性和關聯性[2]。以「養狗」概念域為例，實體是人、狗、住處；屬性是事物的特徵如「大」狗、「小」籠子，關聯性是邏輯關係如人「養」狗。隱喻是「跨」概念域的映射（mapping），將人與人（來源域）對應到人與狗（目標域），將「婚姻」的關聯性投射到人與狗之間。轉喻是在概念域「內」以一個實體代表另一個。在我們的文化中，結婚可以透過戒指、婚紗、禮堂等事物代表，譬如在語文中說「步入禮堂」，便是以事件發生的地點代表結婚。

Kövecses（2002）認為，隱喻根植於兩個概念域的相似性（similarity），而轉喻則是以同一個概念域中實體之間的鄰近性（contiguity）為基礎（圖4-3）。所謂的鄰近性，指的是用來指涉的實體（戒指）以及被指涉的實體（結婚）在「概念空間」（conceptual sapce; Kövecses, 2002:145）中的相對位置。Kövecses認為轉喻的基本特徵就是兩個事物在概念空間中很接近（如產品跟製造商、棒球手套跟球員的鄰近性很高），如此一來當我們用一個實體去代表另一個實體的時候，人們很容易連結到們自己的生活經驗，而掌握其間的關係。

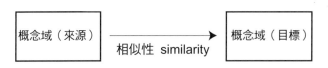

隱喻的運作

轉喻的運作

圖4-3　隱喻與轉喻的異同，改編自Kövecses (2002:147-148)

Lakoff與Johnson（1980）認為隱喻的功能在於理解，轉喻是提示性的（referential），用一個實體去替代另一個實體。「提示」與「理解」，在廣告中各自扮演不同的功能，也有著不同的運作機制，所以一則同時使用隱喻與轉喻的廣告，可以看成包含鄰近性（提示）和相似性（理解）兩個變數，比起單純的隱喻廣告來得複雜。舉例來說，圖4-1是兼具轉喻與隱喻的廣告，影響這則廣告理解難易的變數包含：（1）戒指是否適合代表結婚、項圈是否適合代表養狗，這是鄰近性的問題，（2）結婚與養狗是不是一個適切的隱喻，這是相似性的問題。換句話說，一則同時使用轉喻和隱喻的廣告若是讓人們產生誤解，可能是相似性出了問題，也可能是鄰近性，或者兩者兼具。

然而，廣告似乎無可避免的需要涉及抽象概念，例如廣告銷售的是「服務」（宅配到府）、廣告主（企業＼組織＼品牌）通常不具象、廣告提出抽象的主張（王者風範）。此外，現代壅塞的廣告環境講究「視覺溝通」，又增加隱喻與轉喻聯用的機會。以往的廣告，「養狗像結婚」也許直接寫在標題裡，現代廣告需要在視覺上直接呈現養狗與結婚，此時這些抽象的概念要以什麼事物代表、如何結合，在發想上的功夫不亞於養狗像結婚這個隱喻「本身」。

當然，轉喻同樣可能發生在具象的事物上，不一定全用來代表抽象的概念，但是消費者在解讀上的難易不同。例如，在圖4-4這則國產香蕉廣告，大意是「香蕉（對人體的幫助）就像瑞士刀一樣多樣化」。雖然瑞士刀沒有完整呈現，但是在一般人的生活經驗中，圖中呈現的各種工具與瑞士刀有相當高的「鄰近性」，所以看見瑞士刀的零件很容易聯想到瑞士刀。然而，項圈可以代表一隻狗、溜狗、甚至其他需要用到鍊子的動物，如果沒有標題的提示，不容易很快聯想到養狗的行為。因此，以具象、抽象區分隱喻廣告的理由之一，是抽象概念在設計上、理解上都有較高的挑戰性。

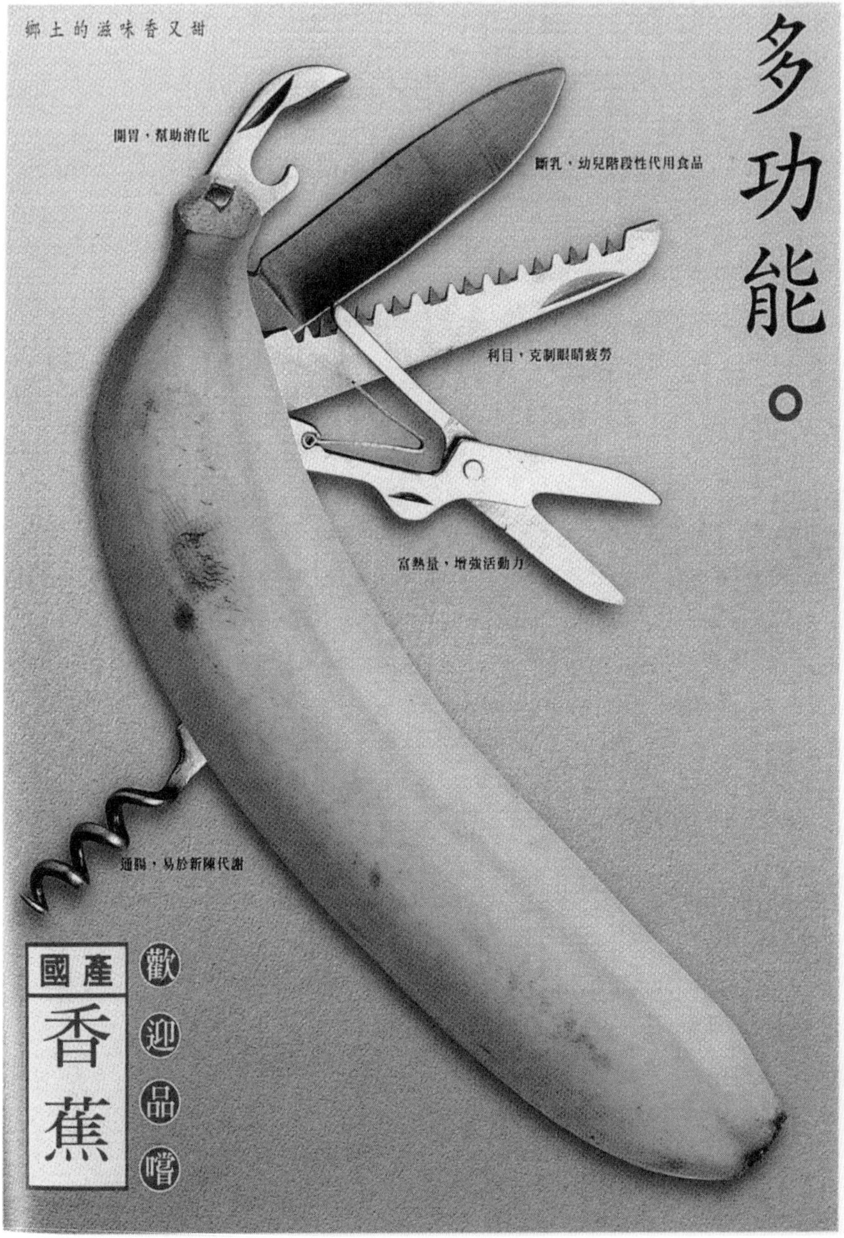

圖4-4 國產香蕉廣告以瑞士刀隱喻香蕉

（取材自第20屆時報廣告金像獎專輯，時報廣告獎執行委員會〔1998:81〕）

　　其次，過去以相似性為基礎的分類方式缺乏完善的區辨力，容易產生某一種類型數量極多的現象。除了前言提到Phillips與McQuarrie（2004）的分類經吳岳剛與呂庭儀（2007）調查發現93.2%的隱喻廣告皆屬「相似」之外，吳岳剛與呂庭儀還對Gentner與Markman（1997）的隱喻分類進行分析。這種分類方式以「屬性」和「關聯性」為面向，將只有外在特徵相像的隱喻稱為外觀相似（mere appearance），如生活中說「褲子皺得像鹹菜一樣」；只有邏輯關聯性相像的稱為關係相似（relational similarity），如「養狗像結婚」；屬性和關聯性兼具的稱為實質相似（literal similarity），如「汽車後座像沙發」。結果發現三種隱喻中，關係相似佔去90.6%。由此可見，無論以何種方式為相似性分類，都難以區分隱喻廣告之間的差異。也許，隱喻廣告之間的差異不是發生在隱喻「相似」的層面上，而是兩個比較的事物或概念如何被呈現，以便人們找到相似處。

二、隱喻的抽象與具象

　　Morgan與Reichert（1999）曾經以具象、抽象區分隱喻廣告，並且發現人們理解具象隱喻廣告比較沒有困難。他們把焦點放在「相似處」上，將可以透過五官感知的稱為具象隱喻，如「乳液對皮膚像OK繃對傷口一樣溫和」；無法感知的稱為抽象隱喻，如「汽車的成本與價值如同冰山水面上下的比例」。然而，從Gentner與Markman（1997）的類比觀點看「相似處」，OK繃對傷口「溫和」是一種「關聯性」，冰山水面上、下的「比例」也是。關聯性都是抽象的，無從感知。具象的隱喻應該是「褲子像鹹菜」這類「外觀相似」的隱喻，因為外觀特徵（鹹菜的皺、褲子的皺）才是具體的。

　　Morgan與Reichert具象、抽象隱喻的主要差異，似乎在於汽車的「成本與價值」本身是個抽象的概念，OK繃則否。以此重新觀看Morgan與Reichert研究中的廣告發現，所有他們歸類為具象隱喻的，都是兩個具象事物的比較；所有的抽象隱喻，都包含了抽象概念。例如，以「挑戰極限的心態」比喻手錶、以「冒險的心態」比喻卡車、「『麻疹』像怪獸」、「手錶是『幽雅』」、以及上述「『汽車的成本與價值』如同冰山」，都是把產品與一個抽象的概念相提並論（請見表4-1本書對於Morgan與Reichert樣本的再分類）。這顯示：

表4-1　Morgan與Reichert（1999）研究中的隱喻廣告、
他們對於隱喻是否具象的分類、以及本研究對於具象、抽象的重新分類[4]

產品	隱喻	Morgan & Reichert 的分類	本書對於具象、抽象的再分類
Clinique: exceptionally soothing cream for upset skin	Cream = Bandaid	具象	具象轉具象
Cognac Hennessy	Cognac Hennessy = warmth of the winter sun	具象	具象轉具象
Plymouth automobiles	Cost of the car relative to value = proportion of an iceberg above/below water	抽象	抽象轉具象
Norelco Reflex Action Razor	Razorblades = snake	具象	具象轉具象
Plymouth Nero Expresso	Expresso = espresso	具象	具象轉具象
Concord Versailles watch	Versailles watch = grace	抽象	具象轉抽象
Italian wines	Italian wines = fine art	具象	具象轉具象
Sector "No Limits" sport watches	No Limits = mindset of "pushing further"	抽象	具象轉抽象
Corelle dinnerware	Corelle dinnerware = Taj Mahal	具象	具象轉具象
Aetna health plans	Measles = monster	抽象	抽象轉具象
Samsung Camcorder	Video camera = gun	具象	具象轉具象
Sonoma trucks	Sonoma = adventurous mindset/open new doors*	抽象	具象轉抽象
American Express	AMEX card = medal of honor	具象	具象轉具象

*作者無法確定廣告如何以adventurous mindset隱喻卡車，但由於No Limits手錶同樣以mindset of "pushing further"隱喻，因此推斷open new doors可能是用來轉喻adventurous mindset的事物。

1. Morgan與Reichert似乎將「相似處」，與來源、目標域混為一談。他們所謂「抽象隱喻的相似處不能感知」，事實上不是相似處「本身」不能感知，而是隱喻所比較的來源域或目標域，其中之一是抽象的概念。

2. 由於Morgan與Reichert歸類為具象隱喻的，皆屬於「兩個具象事物」的比較，所以他們「具象隱喻較抽象隱喻容易理解」的研究結果，也可以解讀成「比較兩個具象事物的隱喻比較容易理解」，或「只要兩個比較的事物之一包含抽象的概念，就比較不容易理解」。換句話說，真正影響一個隱喻是否容易瞭解的，可能是來源、目標域是否涉及抽象的概念。

3. 因此，以來源、目標域的具體與否來區分隱喻廣告，會比「相似處」的具體與否，來得明確而且有建設性。

三、圖像隱喻與圖文隱喻的差別

　　廣告和語文，都可以視為隱喻思考的外顯行為，兩者的差異在於，語文隱喻是以說、寫的形式表達，廣告隱喻是透過圖文互動表現。以圖文表現隱喻有幾個特色：

1. **圖像有助於隱喻的理解**。因為圖像表現出的細節豐富而且直接，能夠幫助人們更快找到隱喻的相似處（Kaplan, 1992; Phillips, 2003）。以圖4-2為例，在語文中說出「後座像沙發」，跟親眼看見客廳、柔和的光線、溫馨的家人，人們對於「後座像沙發」的感受應該有所不同。

2. **圖像比較容易操作驚奇**。在語文中說出「後座像沙發」，人們利用腦海裡浮現的典型沙發和汽車後座，自行「想像」兩者相似之處（Lakoff, 1987; Gibbs & Bogdonovich, 1999），但是在廣告裡沙發跟後座已經先被巧妙組合在一起，人們從中還原出來源、目標域，這個過程具有解讀的樂趣。McQuarrie與Mick（2003）發現，透過圖像表現修辭格所獲得的廣告態度，比起語文來得好，隱喻是其中之一。

3. **圖像有助於隱喻的記憶。**記得廣告中照後鏡的倒影，比起記得「後座像沙發」這句話來得容易，而且在語意符碼之外，留下影像符碼，有助於日後回想起後座跟沙發（Paivio & Walsh, 1993）。

　　廣告中利用圖像傳達隱喻的方式可以分成兩大類，圖像隱喻是指來源和目標域同時呈現在圖像裡，圖文隱喻是兩個比較的事物分別透過圖像和文字呈現（Forceville, 1996）。其中，圖像隱喻還可以細分成並置、結合和替代（Forceville, 1996; Phillips & McQuarrie, 2004）[3]，分別代表並列比較、兩個事物結合成一個完整的形體以及其中之一個透過環境背景暗示。

　　然而本文並未將結合、並置和替代納入分類系統，因為三種形式之間的差異似乎僅止於視覺上的驚異，而圖像隱喻與圖文隱喻比起來，在視覺上、理解上的差異更大。例如，圖4-5是一則標緻汽車的圖文隱喻廣告，以「二頭肌、三頭肌、胸肌」隱喻汽車不同的部位。讀者在畫面上沒有看到任何與肌肉有關的線索，必須在腦海中自行以肌肉的典型印象想像保險桿。而圖中車頭的模樣，其實沒有很像肌肉，所以理解上有些困難，對於隱喻（肌肉）的感受也不會很真切。圖4-6是福斯汽車用類似的創意銷售Polo。換成這種的形式表現，讀者首先對維妙維肖的影像合成感到驚訝。接著，在理解的時候，人們一方面可以參考部分的肌肉和車體影像，還原出來源域與目標域（知道比較的兩個事物是什麼）。二方面由於親眼見到車體「如何像肌肉」，而對隱喻有更真切的感受。最後，對於圖像的記憶，圖4-5留下的是一個單純的車頭影像，圖4-6則是一個複合雙重概念的特殊影像，符碼的鮮明性和資訊性不一樣。由此可見，圖文隱喻在理解、驚奇、記憶上，都與圖像隱喻相差很多；以圖像隱喻、圖文隱喻分類，似乎比結合、並置和替代（圖像隱喻）更能區分廣告之間的差異。

圖4-5　標緻汽車的圖文隱喻廣告

（取材自2004年第5期的Archive雜誌 ，見Lurzer［2004:21］）

圖4-6　福斯汽車的圖像隱喻廣告

八種隱喻與現況

一、八種類型

將來源、目標域區分成具象、抽象，可以產生具象轉具象、抽象轉具象、具象轉抽象、抽象轉抽象等四種變化。其中，前兩種可以稱為「具象化隱喻」，後兩種可以稱為「抽象化隱喻」。將四種隱喻與圖像、圖文隱喻的表現形式交錯，可以產生八種類型的隱喻廣告，如圖4-7。

二、樣本來源

對於八種隱喻類型的現況，本文利用邱玉欽與吳岳剛（2006）的樣本，重新進行分析。他們以內容分析法，研究隱喻廣告中隱喻的類型與表現形式，是否因產品類別、賣點可驗證性等因素而有所不同。該研究建置類目時，已經分別對來源域、目標域進行具象＼抽象的編碼，因此可以交錯出具象轉具象、抽象轉具象、具象轉抽象、抽象轉抽象等變化。此外，當時的類目也包含圖像、圖文以及文字隱喻[5]。

這些樣本是以系統性抽樣和立意抽樣的方式，從民國92年7月到94年6月間十種雜誌以及三大報紙抽取，共852則隱喻廣告（樣本來源與數量如表4-2）。其中，報紙廣告366則，佔43%，其餘為雜誌廣告。抽樣過程的摘錄整理如下，完整的抽樣過程請參見邱玉欽（2006）。

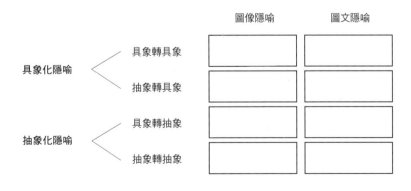

圖4-7 本研究所發展出的隱喻廣告八種雛形

表4-2　邱玉欽與吳岳剛（2006）的報紙、雜誌廣告樣本來源

報紙		雜誌	
樣本來源	數量	樣本來源	數量
自由時報	122	休閒娛樂類	
中國時報	122	時報週刊	70
聯合報	122	TVBS週	70
		政經管理類	
		商業週刊	54
		天下雜誌	54
		女性流行時尚類	
		她	48
		時尚	48
		電腦電玩類	
		電腦家庭	54
		汽車類	
		一手車訊	24
		健康育嬰類	
		康健雜誌	20
		旅遊運動類	
		國家地理	14
		男性流行時尚類	
		瀟灑	10
		投資理財類	
		智富	10
		文摘類	
		讀者文摘	10
總數	366	總數	486

　　雜誌的樣本是依據動腦雜誌「2004年台灣雜誌媒體營收表」，「將雜誌分為10大類，並於10大類中選擇營收量最高的雜誌來進行抽樣。其中休閒娛樂類、政經管理類、女性流行時尚類因所要抽取的數量較多，故以排名前二名的雜誌來進行抽樣。而休閒娛樂類的壹周刊，因無館藏而改以第二名的時報周刊……每一類雜誌要抽出的則數，是以其佔整個營收比例多寡來推算，例如：雜誌的總營收量為54億3千萬元，汽車類佔2億5千萬元，比例約5%，因此在預估的480則中，一手車訊（為汽車類營收量最高）要抽出24則隱喻廣告。若計算後一年所需要抽的總則數低於6則，則以亂數來指定所要抽取的月份。經過計算，原先預計二年共抽出480則隱喻廣告，因四捨五入的關係總計抽出486則」。（邱玉欽，2006:33）

　　在報紙的抽樣程序上，因為「各版的廣告價格不同，品質也會有所不同，為了避免總是從頭版開始抽，因此每一天首要抽取的版面使用亂數表來決定。如亂數表上面的1，指的便是該報紙的第一面，2為第二面…以此類推，若遇到亂數表上的數字大於當天報紙實際張數時，則跳過不用。因廣告數量眾多，無法三種報紙、每則隱喻廣告都抽取，因此在日期上是抽一天跳過一天，報紙種類依序輪替，當抽取到一則隱喻廣告後就換另一種報紙，若當日報紙都翻完了仍抽不到，則換該報的下一天繼續抽，直到抽到為止」。（邱玉欽，2006:35）

　　在雜誌的抽樣程序上，「每類雜誌、每個月首要抽取的版面以亂數來決定，如亂數表上面的1，指的是雜誌封面後的那一面…以此例類推。若遇到一個月不只1本的雙月刊或是一個月有4本的週刊，為了避免總是從第一本開始抽，每月、每本輪流交替首要抽取的版面。抽樣時，該面抽不到換下一面，連續抽出該月必需要的則數，若該月缺刊或已經翻過一次卻沒有任何一則隱喻廣告時，則以不曾抽過的月份（如92年7月前，或94年6月後）做遞補。每則隱喻廣告僅抽一次，與過去重複的跳過」。（邱玉欽，2006:35）

三位編碼員皆為設計研究所研究生。他們先經過訓練，前測得信度0.93，才進行正式判讀；正式編碼得信度0.96。

三、內容分析結果

本文以「隱喻功能」來統稱來源、目標域的具象、抽象四種變化，以「表現形式」統稱圖像、圖文隱喻。

分析結果顯示，在隱喻功能上具象轉具象的隱喻佔65.5%，其中的圖像隱喻74.2%，幾乎是圖文隱喻25.8%的三倍。抽象轉具象的隱喻佔27.5%，其中的圖像、圖文差異沒有那麼懸殊，分別是56.6%、43.4%。這四種「具象化」隱喻佔所有樣本的93%，可以說是主要的隱喻廣告類型（表4-3）。

有趣的是，當隱喻是具象轉具象時，使用「圖像隱喻」的機會遠高於「圖文隱喻」，而抽象轉具象則較為平均。以卡方檢定，這樣的差異到達顯著水準（$\chi^2(1, N = 716) = 21.62, p < 0.001$），顯示圖像、圖文隱喻的確因具轉具、抽轉具而有所不同。這意味著，具象隱喻（具象轉具象）比較容易透過圖像隱喻的方式來表現，因為沒有轉喻的問題。另一方面，即便是包含抽象概念的隱喻（抽象轉具象），也不見得就傾向於依賴文字表達隱喻；這類隱喻中，還是有比較多的樣本（56.6%）是透過具象的事物轉喻表現出來。換句話說，轉喻在廣告中並不罕見。

在抽象化隱喻方面，具象轉抽象、抽象轉抽象各佔3.5%，明顯偏低。這兩種隱喻在使用圖像、圖文表現上，似乎也有不同的模式。具象轉抽象時圖文幾乎是圖像的三倍，各佔74.1%、25.9%；抽象轉抽象時則較為平均，圖像、圖文分別是51.9%、48.1%。然而，卡方檢定結果勉強接近顯著水準（$\chi^2(1, N = 54) = 3.82, p < 0.06$），顯示這樣的差異有待進一步觀察。

表4-3 八種類型隱喻在樣本中所佔比例

			表現形式		Total
			圖像隱喻	圖文隱喻	
隱喻功能	具象轉具象	Count	374	130	504
		% within隱喻功能	74.2%	25.8%	100.0%
		% within表現形式	72.6%	51.0%	65.5%
		% of Total	48.6%	16.9%	65.5%
	抽象轉具象	Count	120	92	212
		% within隱喻功能	56.6%	43.4%	100.0%
		% within表現形式	23.3%	36.1%	27.5%
		% of Total	15.6%	11.9%	27.5%
	具象轉抽象	Count	7	20	27
		% within隱喻功能	25.9%	74.1%	100.0%
		% within表現形式	1.4%	7.8%	3.5%
		% of Total	0.9%	2.6%	3.5%
	抽象轉抽象	Count	14	13	27
		% within隱喻功能	51.9%	48.1%	100.0%
		% within表現形式	2.7%	5.1%	3.5%
		% of Total	1.8%	1.7%	3.5%
Total		Count	515	255	770
		% within隱喻功能	66.9%	33.1%	100.0%
		% within表現形式	100.0%	100.0%	100.0%
		% of Total	66.9%	33.1%	100.0%

將八種隱喻精簡成五種

分類的主要目的，是藉由同質性、異質性的分析，對一個現象產生更深入的瞭解，就好像將市場區隔成非使用者、輕度使用者和重度使用者所獲得的好處一樣。然而，對於所謂同質性和異質性，除了考慮學理上的差異，還需要顧及實際運用的狀況，以便於找到最簡約的類型，解釋最多的廣告。因此八種類型有進一步討論，甚至合併的必要。

首先，四種具象化隱喻佔93%，四種抽象化隱喻只佔7%，因此保留具象化隱喻進一步分析。抽象化隱喻因為數量少，而且四種類型的分佈在統計上的差異沒有很明顯，因此予以合併。觀察樣本發現，抽象化隱喻廣告有三種常見的用途（1）賦予產品某種形象，如Motorola將手機比喻成「王者」，（2）以某種抽象的意念解釋品牌理念，如TOYOTA的廣告說「藝術的生命，就像TOYOTA對中古車的承諾一樣，從不因為時間而停止」，以及（3）宣導、改變觀念，如流浪動物之家的「養狗像結婚」。因此，本類型可以命名為「意念改觀型」，佔總數7%。值得注意的是，前述Morgan與Reichert（1999）樣本中的五個抽象隱喻，有三個屬於此一類型，抽象化隱喻有可能是較難理解的類型。

四種具象化隱喻的數量都不少，而且圖像、圖文隱喻的比例，因具轉具、抽轉具而有所不同，值得分別檢討。有別於傳統上的想法認為隱喻「化抽象為具象」，廣告中的隱喻以「化具象為具象」佔多數；這個研究發現很值得玩味。具象轉具象的隱喻重視「物與物之間的比較」，讓原本具體的事物，藉由另一事物帶來新的觀看角度，進而對產品留下深刻印象。例如，把香蕉跟瑞士刀比一比，讓我們知道對身體而言，香蕉就像生活中的瑞士刀，給了香蕉一個「工具」的角度。此外，這類廣告比較容易擷取事物的局部（背肌、瑞士刀）去做影像合成，產生一種視覺上的趣味。這可能代表著，語文隱喻的主要目的是「溝通」，因此大多是以具象的事物說明抽象的概念；廣告隱喻在溝通之前，首先需要被注意，視覺上的巧思是一則好的隱喻廣告的重要條件，所以具象轉具象的隱喻發揮的空間比較大。

在四種具象化隱喻中，圖像隱喻的數量高出圖文隱喻甚多，同樣意味著具象的事物在圖像表現上的優勢。把兩個事物巧妙的結合在一起，可以捉住第一眼的注意，也有助於找到相似處，並且留下深刻印象。由於視覺表現的趣味扮演重要的角色，「具轉具＋圖像」隱喻可以命名為「視覺比較型」，佔總樣本48.6%。相對的，「具轉具＋圖文」需要人們在腦海中自行組合和比較（如圖五的標緻汽車廣告），可以命名為「想像比較型」，佔16.9%。

使用「抽象轉具象」的隱喻廣告似乎著眼於商品、服務、賣點，難以三言兩語說清楚，所以利用具象的經驗快速說明抽象的概念。圖4-8的Nissan汽車廣告想要傳達抽象的保修服務如何終年保障行車安全，圖4-9的中華電信ADSL想要說明頻寬對資料傳輸的影響，這些似乎都著眼於隱喻「說明的功能」，視覺表現、深刻印象似乎比較其次；因此，這類隱喻可以用「解說」的概念命名。此外，抽象概念在表現上需要透過具象的事物轉喻，而轉喻在執行上、理解上和記憶上都有著較多的挑戰（如圖4-8石獅子嘴裡的螺絲扳手，需要輔以適當的文字人們才能理解），因此值得以「轉喻」為名。「抽轉具＋圖像」隱喻可以稱為「轉喻解說型」，佔15.6%；而「抽轉具＋圖文」隱喻常以來源域為圖，如圖4-9的珍奶吸管跟珍珠，讀者較難在腦海中生成具體的影像，大都依賴文字理解，因此可以稱為「圖文解說型」隱喻，佔11.9%。

經過上述的合併，最後產生五種類型的隱喻廣告，他們所佔百分比，以及在本文中所引用的實例，請見圖4-10的整理。

結論與後續研究建議

調查發現，過去以「相似性」基礎的隱喻廣告分類，會產生多數廣告集中在特定類型的現象，不能有效區分隱喻廣告的差異，因此本研究將「相似」視為前提，以隱喻之具象、抽象為焦點，再加入前人的兩種表現形式，產生八種類型的隱喻廣告。之後，根據實際使用狀況，再濃縮為五個種類。新的分類最常見的是視覺比較型佔48.6%，其次是想像比較型的16.9%、轉喻解說型的15.6%、以及圖文解說型的11.9%，最少見的是意念改觀型佔7%。這樣分類不會有過多樣本集中於特定類型的現象。

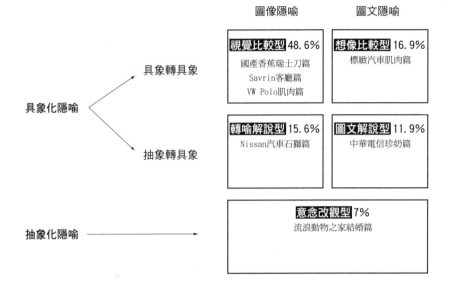

圖4-10　五種類型的隱喻所佔的百分比，以及在本文中所引用的廣告實例

　　這個分類的好處是更能區分隱喻廣告在設計上和理解上的差異。在理解上，透過對於Morgan與Reichert（1999）研究樣本的分析，本研究發現他們歸類為抽象隱喻的，都包含了抽象概念的比較，因此他們「具象隱喻比抽象隱喻來得容易理解」的研究發現，也可以解讀成視覺比較型、想像比較型這兩種具象隱喻，比其他三種抽象隱喻容易理解。這三種抽象隱喻佔所有樣本的42.5%（想像比較型16.9%＋轉喻解說型15.6%＋圖文解說型的11.9%），算是頗為常見，這是在應用隱喻廣告時需要留意的地方。從這個角度看，本研究讓我們進一步了解「抽象隱喻」。

　　在設計上，抽象隱喻主要的困難在於「轉喻」，也就是找到一個具象的事物代表抽象的知識，以便呈現在畫面中。最近我有個學生發想一系列的廣告傳達「放慢生活步調，讓人更有活力」的「慢活」觀念。她聯想到汽車「變速箱」在低速檔的時候出力比較大，適合起步、爬坡[6]。這個關聯性可以拆解成圖4-11。人透過「生活步調」做事，就好像引擎透過變速箱驅動汽車；人一天要做多少事，是由生活步調決定，就好像引擎能讓汽車跑多快，是由變速箱決定。以變速箱隱喻生活步調，可以把「放慢腳步」看成「低速檔」，以推論能量強、活力大這個現象，構成一個貼切的隱喻。在我的教學經驗裡，發想這類隱喻只是設計隱喻廣告的困難之一，另一個讓人費神的地方是如何在視覺上表現出來。在

圖4-8 Nissan汽車以螺絲扳手轉喻汽車維修服務，構成圖像隱喻

圖4-9 中華電信的圖文隱喻只呈現珍珠奶茶

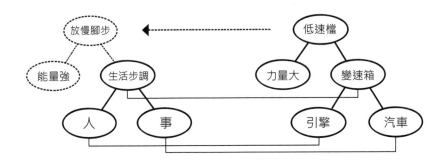

圖4-11　以變速箱隱喻生活步調，以推論放慢腳步可以釋放更大能量

這個例子裡，呈現變速箱比較沒有困難，排檔桿、儀表板上的檔位顯示，都可以代表變速箱；但是「生活步調」就十分主觀而且因人而異。因為我的生活跟她的生活不一樣，而我們的生活又跟廣告鎖定的目標視聽眾不同。此外，即便我們找到一個「有共識」的事物代表生活步調，例如行事曆，觀看廣告的人能不能從行事曆還原生活步調這個概念，又是另一個問題。此時，標題扮演重要關鍵，不只要點出生活步調和變速箱的相似處，而且要讓人知道畫面上所呈現的事物代表生活步調。這，跟圖4-4的國產香蕉廣告有很大的差別，原因就在抽象概念和轉喻上。

　　在研究限制上，本文以平面廣告為主，所得的結果在推論到電視或其他新媒體廣告時，應該有所保留。未來的研究可以分析這五種隱喻類型在其他媒體（如電視廣告）上的現況，有助於瞭解隱喻如何因媒體的特性，而有不同的面貌。此外，分析得獎廣告與一般廣告在這些隱喻類型的運用上是否有所差異，可以讓我們掌握優秀隱喻廣告的訣竅。

註釋

1. 本章改寫自吳岳剛（2008）。

2. 此處對於「域」的內容，是借用Gentner等學者對於「認知表徵」（cognitive representation）的論述，他們以此解釋類比的運作。關於Gentner等學者類比理論的回顧和整理，請參考Markman與Gentner（2000）；關於類比與隱喻的關係，請參考Gentner等人（2001）。

3. 為了閱讀方便，此處引用Phillips與McQuarrie（2004），以並置、結合、和替代等詞彙表示三種隱喻在圖像中的呈現方式。這三種方式，其實等同於Forceville（1996）的圖像明喻、MP2和MP1。

4. 此表中按照Morgan與Reichert（1999）所提供的表格翻譯。對於實驗廣告，他們並未提供更詳細的資料。

5. 在廣告學門中，前人的研究大都未將「文字隱喻」視為一種表現形式，而且本文主要著眼於抽象概念透過具象事物「轉喻」對於理解難易的影響，因此在分類、分析時將文字隱喻排除，實際進入統計運算的樣本數量是770。

6. 感謝邱鈺婷提供這個絕妙的點子。

參考文獻

吳岳剛（2008）。〈一個新的隱喻廣告分類與現況分析〉。《藝術學報》，第83期，出版中。

吳岳剛、呂庭儀（2007）。〈譬喻平面廣告中譬喻類型與表現形式的轉變：1974-2003〉。《廣告學研究》，28：29-58。

呂庭儀（2006）。《隱喻廣告中隱喻類型與視覺表現發展之趨勢：1974-2003》。國立台灣科技大學設計研究所碩士論文。

邱玉欽、吳岳剛（2006）。〈隱喻平面廣告中意義層面與表現層面現況研究〉。「國際平面與廣告設計研討會」，台中市。

邱玉欽（2006）。《隱喻平面廣告中意義層面與表現層面現況研究》。
國立台灣科技大學設計研究所碩士論文。

時報廣告獎執行委員會（1999）。《第二十一屆時報廣告金像獎專輯》
。台北：美工圖書社。

時報廣告獎執行委員會（1998）。《時報廣告金像獎20年紀念專輯》。
台北：美工圖書社。

Barcelona, A. (2000). Introduction: The cognitive theory of metaphor and metonymy. In A. Barcelona (Ed.), *Metaphor and Metonymy at the Crossroads: A Cognitive Perspective.* NY: Mouton de Gruyter.

Forceville, C. (1996). *Pictorial Metaphor in Advertising.* London/New York: Routledge.

Gentner, D., Bowdle, B. F., Wolff, P. & Boronat, C. (2001). Metaphor is like analogy, In D. Gentner et al (Eds.), *The Analogical Mind: Perspective from Cognitive Science.* Cambridge: The MIT Press.

Gentner, D. & Markman A. B. (1997). Structure mapping in analogy and similarity. *American Psychologist, 52* (1), 45-56.

Gibbs, Jr., Raymond W. & Bogdonovich, J. (1999). Mental imagery in interpreting poetic metaphor. (1), 37-44.

Kaplan, S. J. (1992). A conceptual analysis of form and content in visual metaphor. *Communication, 13,* 197-209.

Kövecses, Z. (2002). *Metaphor: A Practical Introduction.* NY: Oxford University Press.

Lakoff, G. (1987). Image metaphors. *Metaphor and Symbolic Activity, 2* (3), 219-222.

Lakoff, G. & Johnson, M. (1980). *Metaphors We Live by.* NY: Harcourt Brace Jovanovich.

Lurzer, W. (2004). Lurzer's Int'l Arvhive: Ads and Posters Worldwide Vol. 5-2004. Austria: Walter Lurzer.

Markman, A. B. & Gentner, D. (2000). Structure mapping in the comparison process. *American Journal of Psychology, 13* (4), 501-538.

Morgan S. E. & Reichert T. (1999). The message is in the metaphor: Assessing the comprehension of metaphors in advertisement. *Journal of Advertising, 28* (4), 1-12.

McQuarrie, E. F. & Mick, D. G. (2003). Visual and verbal rhetorical figures under directed processing versus incidental exposure to advertising. *Journal of Consumer Research, 29*, 579-587.

Paivio, A. & Walsh, M. (1993). Psychological processes in metaphor comprehension and memory. In A. Ortony (Ed.), *Metaphor and Thought* (2nd ed.). NY: Cambridge University Press.

Phillips, B. J. & McQuarrie, E. F. (2004). Beyond visual metaphor: A new typology of visual rhetoric in advertising. *Marketing Theory, 4* (1/2), 113-136.

Phillips, B. J. (2003). Understanding visual metaphor in advertising. In L. M. Scott& R. Batra (Ed.), *Persuasive Imagery: A Consumer Perspective.* NJ: Lawrence Erlbaum Associates.

作品櫥窗

酗咖啡因　酗尼古丁　酗酒精的醺醉　酗陳奕迅　酗情人
酗無感　酗倦怠　酗熄滅的熱情　酗放空　酗不知

生活革命：換檔篇

作者：邱鈺婷

換檔，給自己生活的力量

盈　酗朋友的擁抱　酗失眠　酗流淚　酗放空　酗狂歡的空虛　酗茫然　酗神經質
酗假裝堅強　酗瀕臨崩潰　酗情緒濃稠與自我厭惡……　都不過是想要逃離無力。

生活革命

都市人用時間烹煮生活。時針是文火，分針是小火，秒針是大火，滴答滴答是水滾的聲音，胃酸過多是必備的調味，呼吸急促與脾氣暴躁是溢鍋的徵兆。其實只要加入簡單當湯底，丟進緩慢當配料，就能盡去焦慮的腥騷味，獨留心靜與平實的清甜。

我們總是不知不覺把焦慮穿戴上身

時間是資源，而不該是焦慮的病因。

生活革命

生活革命：手錶篇

作者：邱鈺婷

有沒有想過，同樣的24小時，有的手錶只有12個鐘點，有的大大小小、密密麻麻，將「時間」切割得十分瑣碎。有一天我跟鈺婷在辦公室翻雜誌，看見現在流行的手錶款式，有感而發。

　　在同樣的「慢活」概念下，鈺婷的「意念改觀」型的隱喻將「手錶」這個具象的東西，轉換成「焦慮」的抽象概念，她認為「我們總是不知不覺把焦慮穿戴上身」。

第五章
隱喻廣告表現形式的效果[1]

149

（取材自Lewis〔1996〕, p. 52.）

圖5-1 絕對伏特加城市系列廣告之紐奧良篇

　　請看圖5-1這則廣告。畫面特寫一支小喇叭，三個栓塞管的造型像酒瓶。這是絕對伏特加「城市」系列廣告之一「絕對紐奧良」。廣告中，小喇叭代表美國以爵士樂聞名的城市紐奧良。小喇叭跟酒瓶的結合形成一個圖像隱喻（pictorial metaphor），帶領我們將紐奧良的知識和經驗，轉移到絕對伏特加，產生新的認識。

　　由於透過一個概念去理解另一個概念，是我們生活中常用的思考模式（Lakoff ＆ Johnson, 1980）。所以，如果這則廣告對消費者產生某種影響，我們可以假定是來自「絕對伏特加」與「紐奧良」之間的關聯性。但是讓我們暫時將廣告擺在一邊，試著思索這層關聯性到底是什麼，也許會發現其實不太明確。換個角度想，同樣的小喇叭跟酒瓶，如果是以左右並置的方式呈現，帶給人們的感受可能不大一樣。果真如此，那麼這則廣告在絕對伏特加跟紐奧良的關聯性之外，似乎有著一些耐人尋味的東西。

　　如果把隱喻廣告分成「隱喻」和「廣告表現」來觀察，我們會發現有些隱喻廣告是在隱喻層面上很特殊、有些是在廣告表現上、有些則兩者兼具。舉例來說，圖1-1的富邦銀行廣告是以「隱喻」取勝，在視覺表現上並無特殊之處；如果人們認為廣告說得有理，可以說全都來自空中飛人與銀行之間邏輯關聯性的相似。圖5-1正好相反；人們對這則廣告的觀感，似乎很難不受到圖像表現的影響。有趣的是，儘管目前兩個層面都有許多學者投入研究，累積了可觀的成果，但是在我所蒐集到的文獻裡，很少有實證研究觀察他們如何影響說服效果。隱喻廣告的說服力全都來自「隱喻」嗎？表現形式會不會對說服效果有所幫助？本章以此出發，利用實驗法來操作隱喻和表現形式，觀察廣告效果和說服力的變化。

　　將隱喻廣告的隱喻和表現形式區隔開來，有助於深入了解隱喻廣告的運作。如果表現形式的確影響隱喻廣告的效果，那麼我們可以說廣告是隱喻的特殊媒介。語文中的隱喻，也許主要的價值在於隱喻與思考的關係，但是廣告中的隱喻，還要考慮兩個比較的事物如何呈現。

相關文獻

一、圖像設計對於溝通效果的影響

　　前文提過，廣告中的隱喻與語文中的隱喻，最大的差異在於前者透過圖文互動表現，而且人們是先看到圖文，再解讀其中的含意。此外，「廣告」的首要目標是吸引注意力，然後快速有效的溝通訊息。這些特色加起來，讓圖文設計在隱喻廣告中扮演重要角色；其中，又以圖像＼影像的部分，最是關鍵。

　　第三章提過「視覺失衡」（visual dissonance）是人們在視覺上看到意料之外的景象或事物時，所產生的一種心理上的緊繃狀態。在這裡，「意料之外」是關鍵。像「外觀相似」這類在一般人的知識裡，事物的外表特徵原本就很相像的隱喻（如「褲子皺得像鹹菜」），比較不容易產生驚奇。根據第三章的調查，這類隱喻也很少，30年來大約都維持在3.5%左右。廣告裡最常見的是「關係相似」。這類隱喻原本外表特徵並不相像，但是為了讓廣告更加吸引人，廣告人加入了十足的想像力創作出外觀相似，常常讓人感到十分驚奇。例如，在多數人的認知裡，小喇叭與酒瓶原先並不相像。然而，在絕對紐奧良裡，透過設計師的巧思，兩者卻可以在造型、比例、材質上，讓人真假莫辨。這種「人為的」外觀相似超出人們的想像，帶來特殊的美感經驗，是現代隱喻廣告的特色，甚至可以說是必備條件。第三章的調查發現，「結合」和「視覺失衡」的比例越來越高，就是此一現象的具體證據。

　　像絕對紐奧良這類的結合也許「特別」、「新鮮」，但是從設計者的角度看，這樣的創意無論在發想上、製作上，都具有十足的挑戰性。有許多時候，視覺驚奇決定了隱喻廣告的優劣，如第一章提到周俊仲對Nugget鞋油「鞋子像鏡子」以特殊的表現手法獲獎的一番感觸。所以，同樣的隱喻，怎麼「演」影響解讀的樂趣；發想「隱喻」其實只解決了一半的問題。想要了解「視覺表現」這另一半的問題，最好的做法就是想像自己是設計廣告的人。在這裡我舉一則「手工鞋像指紋一樣獨一無二」的（廣告）隱喻，讓讀者試著發想鞋子跟指紋如何在視覺上合而為一。答案請見附錄4-1。這種表現方式是不是出乎各位的意料呢？

　　花了那麼多力氣去創作的視覺效果，到底具有多少影響力？機制

又是什麼？我認為「喜歡」、「好感」等情感上的反應，是一個重要的因素。根據社會心理學領域中的「感覺即資訊」（Feeling as Information）理論，人們會參考情感上的反應，對事物進行評估（Schawarz, 1990; Schawarz & Clore, 1983）。在Schwarz與Clore（1983）的實驗中，人們在好天氣的時候接受訪談（實驗二），或者是先被引導去回想愉快的事再接受訪談（實驗一），對於他們生活滿意度的評價都會變得比較高，因為在這些時候所下的判斷，都受到好心情的影響。雖然心情跟對特定事物的感覺不盡相同，但是以感覺評估一件事的現象，同樣可能發生在特定的刺激物上（Schwarz & Clore, 1988: 60）。例如，在Pham、Cohen、Pracejus與Hughes（2001）的實驗中，受測者對於雜誌圖片的情感反應，會連帶引發相關的正面思考（實驗二）。Schwarz（1990）認為，以感覺做評價常發生在被評量的事物是感覺導向的、相關資訊有限的、仔細評估的過程很複雜的、或者是時間／心力不足的時候。這，正好與廣告被處理的情境和習慣不謀而合。因為生活中充斥了太多的廣告，在多數的情況下處理廣告的認知資源是淺薄的；此時，依賴感覺做判斷的機會就會增加。在廣告中，我們是先看到圖像，再拆解其中的意義。如果圖像設計的創意可以直接、迅速的帶來好感，而好感可以是一種資訊，那麼人們就有可能拿這份好感當作評斷廣告說服力的依據。

巧妙的圖像設計在處理廣告時帶來正面的情感反應，是一種自發而且直覺的現象。Pham等人（2001）發現，對雜誌圖片的喜好（「給我感覺好不好」）做出反應的速度，顯著的比做評估（「我喜不喜歡」）來得快；而且前者所展現的一致性，也比後者來得高。「感覺」，不需要思考，而且很多時候甚至不被查覺。這就好像我們去到一家很有特色的主題餐廳，沉浸在周遭環境所營造的氛圍中；我們其實沒有仔細去評斷餐廳裡哪一個部分帶給我們特殊的感覺，我們甚至分不出音樂、燈光、地板、餐具…哪一個的影響多一些。對我們來說，這些感官經驗相互交融，不需要被注意，卻能很直接的影響我們的感受。

Pham等人認為感覺有三種來源，第一種來自感官的反應（聞到花的香味覺得喜歡），第二種根據過去的知識和經驗產生（知道花代表著某種心意），第三種是經過認知思考所得到的結果（研究過花的特質之後，產生的看法）。他們認為，人們對於雜誌圖片的反應，可以包含第

圖5-2 標緻汽車廣告使用「圖文隱喻」
的形式表現

一或第二種感覺。這兩種感覺其實層次不同，前者是一種單純的感官經驗，後者需要加入一些認知思考，知道花的含意，才能引發情感上的反應。我認為隱喻廣告表現形式上的創意，會引發第一種情感反應。人們可能不會意識到這層情感的存在，卻在評估廣告時，悄悄的受到影響。

在視覺設計上，「圖文隱喻」應該是較為無趣的一種形式。因為畫面只是單純的呈現被比喻的主體，缺乏視覺設計。例如圖5-2的標緻汽車廣告，圖像的部分只是車體的特寫，讀者看不到哪裡像「二頭肌」、「三頭肌」、「胸肌」，必須自行想像。相對於此，圖像隱喻將兩個比較的事物同時呈現出來，並且常在配置或組合上加入巧思。讀者一方面有視覺上的輔助，可以「看」見相似處；一方面從巧妙的設計中拆解意義，比較具有解讀的樂趣。

在圖像隱喻中，「並置」是將兩個事物以其完整的形態同時呈現，視覺上比較缺乏趣味。例如，圖4-3的Motorola廣告比較手機與西洋棋，雖然在視覺上，兩者的比例、位置和倒影都經過設計，彷彿在同一個空間裡。然而，這樣的安排卻不容易產生太多驚奇，因為在日常生活中，我們同樣有機會把手機與其他事物擺放在一起。相對的，「結合」擷取兩個事物的特徵組合成一個完整的形體，違背我們的視覺經驗，產生的驚奇比較強（例如上述的絕對伏特加廣告）。此外，在拆解影像時，讀者必須先從局部還原出完整的事物，再進行相似性的解讀。這個過程比具有挑戰性，所獲得的趣味也比較多（Phillips & McQuarrie, 2004）。

綜合上述的討論，我們可以預期，巧妙的圖像設計，會產生一種好感，並且悄悄的影響廣告的說服力。明確地說，同樣的隱喻，透過「圖

像隱喻」表現，效果會比「圖文隱喻」來得好。而同樣是圖像隱喻，「結合」的溝通效果又會比「並置」來得好。

假設一：在廣告中，同樣的隱喻，以圖像隱喻的形式表現，所得到的廣告態度和說服力，皆優於以圖文隱喻的形式表現。

假設二：在廣告中，同樣的隱喻，以結合的形式表現，所得到的廣告態度和說服力，優於以並置的形式表現。

（取材自2004年12月的自由時報）

圖5-3 Motorola手機廣告使用「並置」的形式表現

二、隱喻與表現形式的拉鋸

此外，巧妙的圖像設計還有可能產生注意力分食的現象。一則廣告設計上的特色會影響到人們如何分配認知資源到廣告的各個元素上（Janiszewski, 1998; Larsen, Luna & Peracchio, 2004）。透過「選擇性的注意」，認知資源的分配影響廣告的哪個部份被充分的處理、哪個部分被淺涉的處理。

Pieters與Wedel（2004）研究廣告中各個元素如何分食人們的注意力，以及分食到的注意力會不會轉移到廣告中其他的元素上。他們利用眼球追蹤器記錄人們閱讀廣告時眼睛的移動路徑和停留時間，發現在注意力的分食上，廣告圖像佔有絕對的優勢；也就是說，人們注意廣告時，第一眼會落在哪裡，受到圖像很大的影響。在注意力的轉移上，受測者對於廣告圖像的注意力增加，不會增加對於文字的注意力。假定圖像代表廣告的設計面，與美感、愉悅的欣賞經驗有關，文字代表廣告的意義面，與邏輯、辨證跟推理有關，那麼上述的研究間接證實隱喻廣告的視覺表現先天上具有較大的吸引力，而且投注於視覺表現的注意力增加，不會連帶的也讓人多想想隱喻（意義面）的含意。

從這裡可以看出，在一般觀看廣告的情境下，人們處理廣告的認知資源是有限而且固定的；花在某些元素上的心力越多，會減少花在另一些元素上的心力。根據這個概念，Peracchio跟Meyers-Levy（1997）在實驗中操作廣告訊息（敘述故事或是條列事實）和編排（圖文分離或結合）來觀察認知資源的分配如何影響對產品的評估。他們發現，當廣告訊息是以比較需要花費心力去理解的形式呈現時（故事），比較容易閱讀的編排形式（圖文結合）獲得的產品態度比較好。反之，當廣告訊息是以直接陳述的形式呈現時，比較不容易閱讀的編排形式（圖文分離）獲得的產品態度比較好。這是因為，當廣告中某一個元素需要耗費較多的心力處理時，人們剩下來處理其他元素的心力變得有限，這個時候比較符合心力需求的編排方式才能獲得人們的好感。由此可見，廣告各個元素都在搶食認知資源，人們把心力集中在某個元素上，就會影響到分配給其他元素的心力。他們所操作的訊息和編排這兩個變數很類似隱喻廣告中的隱喻和表現形式；其結果可以間接支持投注於隱喻或視覺表現的心力較多，另一個層面所接收到的心力就會減少。

　　那麼到底人們何時將較多的心力投注於隱喻或是視覺表現？我們預期，因為人們在廣告中是先接觸圖像再拆解意義，如果視覺設計做得巧妙，就會留住比較多的注意力，剩餘用來處理隱喻的心力就會減少。相反的，沒有特色的視覺設計比較不能留住注意力，認知資源就會流向隱喻。根據這個想法，我們進一步預期，巧妙的視覺設計可能會讓隱喻是不是那麼適切變得比較不重要，就好像看絕對伏特加的廣告我們不會深究其意義一般。相對的，當圖像設計做得平庸時，人們會仔細的檢視隱喻，因而對其適切性變得比較敏感。想像絕對紐奧良廣告，如果圖像只是放一瓶絕對伏特加，標題寫「如同紐奧良」，在沒有任何視覺驚奇分散注意力的情況下，我們會，也只能，針對紐奧良與絕對伏特加到底像在哪裡進行思考。這個時候，兩者到底像在哪裡就變得重要，而且當人們找不到兩者相似處的時候，就會對廣告產生負面的觀感。

　　假設三：在廣告中，當隱喻以「圖像隱喻」表現時，隱喻適切性
　　　　　　高、低所產生的廣告態度和說服力差異，小於隱喻以「圖
　　　　　　文隱喻」的方式呈現。

　　假設四：在廣告中，當隱喻以「結合」的方式呈現時，隱喻適切性
　　　　　　高、低所產生的廣告態度和說服力差異，小於隱喻以「並
　　　　　　置」的方式呈現。

研究方法

一、實驗設計

　　本章以實驗法驗證上述假設。實驗中操作廣告中的隱喻適切性（高、低）和表現形式（圖文隱喻、圖像結合、圖像並置、直述）兩個變數。前者是組間變數，後者是組內變數。因此，本實驗是一個4x2混合因子的設計。值得注意的是，「直述」廣告畫面以產品為主，沒有隱喻，目的是用來當作比較的底線。此外，為了討論方便，以下對於圖像圖像隱喻中「結合」的表現手法，統稱為「結合」，「並置」亦然。

二、表現形式的操弄

　　實驗廣告是取材自專門蒐集國際上優秀平面廣告的期刊。四則隱喻廣告的商品分別是玉米粥、螞蟻藥、毛毯和手工鞋。對受測者來說，這些都屬於涉入度較低，而且不需要具備特殊知識就能夠評估的商品。這些特性滿足實驗的需求，因為太高的涉入可能會影響表現形式扮演的角色（Meyers-Levy & Malaviya, 1999），而產品知識較複雜的商品，則有可能會影響人們對於隱喻廣告的理解（Gregan-Paxton & John, 1997）。

　　所有的實驗廣告都重新製作，以便操作出不同的表現形式。例如，玉米粥廣告是以啞鈴來比喻長期食用玉米粥，可以讓身體變強壯。其「圖像結合」的版本，是兩根造型像啞鈴的玉米（圖4-4）；「圖像並置」的版本，是將一根玉米跟一支啞鈴並排（圖4-5）；「圖文隱喻」只呈現兩支啞鈴（圖4-6）；「直述」版本只呈現兩根玉米（圖4-7）。

　　每一則廣告都換上虛構、沒有特別含意的中、英文品牌名稱，並且將內文移除。移除內文的目的是避免混淆效果，因為某些受測者會參考內文來理解廣告的含意，某些不會。此外，移除內文有助於提升外在效度，因為蒐集到的四則廣告裡，只有一則有寫內文。

　　經過上述的操作，最後的實驗廣告畫面上都只有三個元素：品牌名稱保持不變，表現形式利用圖像來操弄，隱喻的適切性利用標題來操弄。

三、隱喻適切性的操弄

　　隱喻適切性的操弄，是透過廣告的標題，改變兩個比較的事物之間的相似處，產生適切、不適切的隱喻。為了產生適切程度不同的標題，原有的廣告標題先被移去，並且就隱喻圖像的意義，訪談10位大學生來廣泛蒐集可能的詮釋。根據這些詮釋，我們為每則廣告搭配六句標題。其中五句是新發想的，一句是原本廣告上的。

　　前測時，32位大學生看到每一則隱喻廣告的「並置」版本，透過李克特量表評估六句標題的適切性。我們選擇數值最高與最低的標題，

表4-1 四則隱喻廣告以及其高、低適切標題的操弄

產品	隱喻含意	適切性	標題	平均	t
玉米粥	食用玉米就像舉啞鈴一樣	高	沒有副作用的健身方式	3.63	6.11*
		低	老少咸宜	1.91	
螞蟻藥	螞蟻藥對螞蟻來說就像巧克力一樣	高	魅力難擋	4.16	5.92*
		低	高級	2.25	
毛毯	毛毯就像鳥巢一樣	高	使用天然材質	4.03	6.27*
		低	不容易扭曲變型	2.37	
手工鞋	手工鞋就像指紋一樣	高	獨一無二	4.41	5.16*
		低	品質有保證	3.00	

*$p < 0.001$

來做為隱喻適切性的操作。所有高、低適切的差異都達到顯著水準（表4-1）。值得注意的是，在選擇標題的階段我們採用的是「並置」版本的隱喻廣告，而非「結合」，因為這個階段需要受測者將心力集中在「隱喻」上。

　　為了確定受測者都接收到標題的操弄，每一則廣告之前都有一頁的介紹，告訴他們廣告的主旨。這個介紹頁解釋產品特性、廣告如何傳遞這個特性，並且提到廣告的標題。例如，在高適切的操弄中，玉米粥的特性是「安全無副作用的營養食品」，其解釋是「以『啞鈴』的特性，來比喻食用玉米粥是『沒有副作用的健身方式』」。而在低適切的操作中，玉米粥的特性是「各種年齡層都喜歡吃的營養食品」，其解釋是「以『啞鈴』的特性，來比喻吃玉米粥的『老少咸宜』」。其中，「沒有副作用的健身方式」與「老少咸宜」就是廣告標題。

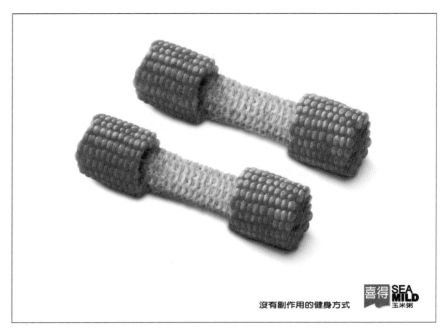

圖4-4　實驗中玉米粥廣告的結合版本

圖4-5　實驗中玉米粥廣告的並置版本

圖4-6　實驗中玉米粥廣告的圖文隱喻版本

圖4-7　實驗中玉米粥廣告的直述版本

四、受測者與實驗程序

　　北部一所大學，總共66位選修「基礎電腦輔助商業設計」的大一、二學生參與本次實驗。他們以8-10個人為一組進入實驗室，並且被隨機分配到高、低適切實驗組。受測者被告知本次調查是「國際廣告引進台灣可行性評估」，目的是「希望能夠了解這些原本刊登在其他國家的廣告，如果翻譯成中文在台灣刊登，台灣市場的接受程度如何」。此外，他們被告知廣告之前的介紹頁，目的是讓他們了解產品賣點和廣告主旨。他們必須仔細的閱讀這一頁，確定自己知道廣告要傳達的訊息。

　　接下來他們翻開桌上的小冊子，開始觀看廣告填答問卷。這樣的操作雖然有別於現實生活中觀看廣告的情境，但是在評估「國際廣告引進台灣」時，卻不會顯得太過怪異。在此脈絡下，受測者一方面願意嘗試理解那些低適切的隱喻廣告，又不會覺得先介紹廣告有違常理。

　　小冊子包含兩則填充廣告（filler ads）和四則測試廣告。其中一則填充廣告安排在第一個位置，以便讓受測者熟悉作答的方式，另一則填充廣告出現在第四個位置。兩則都是隱喻廣告。實驗廣告的安排，為了避免組內測試位置和次序所產生的學習效應，產品和四種表現形式依照平衡拉丁方格（Balanced Latin Squares; McBurney, 2001: 274）進行排列。使得每一個產品和每一種表現形式，出現在每一個次序上的機會都一樣多，而且都只有一次機會跟隨在其他產品和表現形式之後。小冊子裡，每一則廣告之前是介紹頁，之後是問卷。小冊子最後一頁進行混淆檢測。測試進行的時間沒有限制，完成整個測試約需15分鐘。結束後受測者收到一隻玩具小熊做為酬謝。

五、依變項的測量

　　在緊接著每一則廣告的問卷上，前面三個題目皆是語意差異的題型。第一題問「您認為這則廣告適合台灣市場嗎？」，以延續實驗偽裝。第二題操弄檢測，問「您認為這則廣告容易理解嗎？」，兩個端點是容易／不容易。第三題測量廣告態度，由三小題構成，兩個端點分別是喜歡／不喜歡、好／不好、欣賞／不欣賞。

　　第四題測量廣告的說服力，以五等級的李克特量表詢問「這則廣告把它的賣點表達得很好」、「這則廣告很有說服力」、「這則廣告讓我

更能接受這個產品」。小冊子的最後一頁的混淆檢測，包含四個詢問隱喻含意的選擇題，以確定受測者正確接收到隱喻適切性的操弄。受測者必須從三個選項中，挑選出正確的答案。

研究結果

一、混淆檢測

對於四個操弄檢測的題目，低適切組有3位、高適切組有2位受測者答錯兩題以上。他們的反應不納入後續的分析。在剩下的61位受測者中，高適切組的平均正確率是95%，低適切組是94%。如果受測者答錯的某一道題目，他的對該則廣告的評估就被剔除，以其他接受的同樣操弄的受測者的平均值取代。

二、操弄檢測

如果隱喻不適切，受測者應該會覺得廣告比較難以理解。對於詢問「您認為這則廣告容易理解嗎？」，高適切組的反應平均值是3.17，低適切組是2.54，其間具有顯著的差異（$t(59) = 3.6, p < 0.005$），確認意義層面的操作成功。

三、表現形式的影響

三道測量廣告態度的題目alpha值為0.87，測量說服力的三道題目alpha值為0.87，因此以其平均值作為廣告態度、說服力的指數。

假設一預期，同樣的隱喻，以圖像隱喻的形式表現，所得到的廣告態度和說服力，皆優於以圖文隱喻的形式表現。對此，我們先將圖像結合和圖像並置在廣告態度上的分數予以平均，以代表「圖像隱喻」的表現。結果圖像隱喻的廣告態度值為3.28，圖文隱喻廣告態度值為2.73，兩者具有顯著的差異（$t(60) = 3.89, p < 0.001$）。同樣的，在說服力上，圖像隱喻的值為3.19，圖文隱喻為2.6，差異達顯著水準（$t(60) = 4.13, p < 0.001$），假設一獲得支持

假設二預期同樣的隱喻，以結合的形式表現，所產生的廣告態度和說服力，優於以並置的形式表現。計算圖像結合的廣告態度值為3.55，

圖像並置為3.01，兩者的確具有顯著差異（$t(60) = 3.28, p < 0.01$）。以說服力做為依變項進行運算，結果圖像結合（M = 3.4）與圖像並置（M = 2.98）的差異亦達顯著水準（$t(60) = 2.96, p < 0.01$）；支持假設二。

四、隱喻與表現形式的交互影響

假設三觀察的重點在於表現形式與隱喻適切性之間是否具有交互作用。具體而言，我們預期隱喻適切性高、低所產生的廣告態度差異，會因圖像隱喻或圖文隱喻而有所不同。結果發現，在圖像隱喻的情況下，隱喻適切性高、低分別為3.52、3.05；在圖文隱喻的情況下，適切性高、低分別為2.78、2.69，以2x2混合因子變異數分析運算，交互作用未達顯著水準（$F(1, 59) = 1.85, p > 0.1$）。接下來，以說服力為依變項進行檢定。結果在圖像隱喻的情況下，隱喻適切性高、低的說服力分別為3.63、2.76，在圖文隱喻的情況下，適切性高、低的說服力分別為2.78、2.42。2x2混合因子變異數分析顯示，交互作用並不顯著（$F(1, 59) = 3.47, p > 0.05$），假設三並未獲得支持。

假設四焦點鎖定圖像隱喻中的結合和並置，並且預期表現形式與隱喻適切性之間有交互作用存在。將研究結果進行2x2混合因子變異數分析，發現在廣告態度上（$F(1, 59) = 0.02, p > 0.5$），以及在說服力上（$F(1, 59) = 0.47, p > 0.4$），兩個變數的交互作用都不明顯，因此假設四未獲支持。

研究結果討論

本研究將隱喻廣告區分為隱喻和表現形式，以便進一步了解隱喻廣告的說服力如何產生。其中，尤其以表現形式為主要的研究焦點。Phillips與McQuarrie（2004）認為，設計帶來一種令人愉悅的激發（pleasurably arousing）。「感覺即資訊」理論主張，人們情感上的反應，會影響對於事物的評估（Schwarz, 1990）。本研究結果顯示，表現形式的確對隱喻廣告的溝通效果有影響。同樣的隱喻，透過巧妙的形式表現，廣告態度、說服力就會比較好。具體而言，「圖像隱喻」的效果優於「圖文隱喻」，而在圖像隱喻中，結合的效果又比並置好。這意味著，在適當的時候，圖像設計所帶來的視覺經驗，可以成為決定廣告說

得有沒有道理的啟發式法則。

　　研究發現隱喻與表現形式之間並沒有交互作用存在。在巧妙設計的情況下，人們對於隱喻適切、不適切的區辨能力，與設計不巧妙的情況比起來，並沒有差異。這與「注意力分食」的預期不符。根據先前的推論，當認知資源游移到廣告某一個元素上時，會降低廣告中其他元素的影響力。我推測可能的原因有幾個。第一是實驗所使用的廣告，在表現形式上的巧思不足，所以沒有產生強烈的「認知資源分食」效果。第二是實驗情境（8-10個人一組，在實驗室裡進行），讓受測者處於一種比較高涉入的狀態。這個時候認知資源十分充足（高於一般觀看廣告的情境）。巧妙的圖像設計所吸收的認知資源，並沒有將處理隱喻的認知資源減低到忽略的程度。第三，隱喻適切性高、低的操作過於強烈，使得受測者無論如何，都不會忽略沒有道理、不適切的隱喻。第四，每一則廣告前的介紹頁，特別要求受測者弄清楚廣告訊息，可能意外的加重隱喻適切性的影響。這些現象可能同時存在，使得隱喻廣告中的「隱喻」超乎尋常的被關注，進而降低了隱喻與表現形式產生交互作用的可能性。

結論、限制與後續研究

　　在語文中，隱喻的效果主要來自透過一個概念，去思考另一個概念。然而，在廣告中，隱喻除了引導人們思考，其表現形式還提供特殊的美感經驗，可能對廣告效果產生影響。我們以此出發，將隱喻廣告區分成「隱喻」和「廣告表現」，探索兩者如何影響廣告態度和說服力。結果顯示，同樣的隱喻，透過較為特殊的形式表現，效果就會比較好。確切的說，在廣告態度和說服力上，「圖像隱喻」效果比「圖文隱喻」來得好，透過「結合」傳遞的隱喻，比「並置」來得容易讓人接受。這代表視覺設計所帶來的處理經驗，能夠影響人們對於廣告的評估。

　　在研究限制上。首先，與生活中的實際閱讀情境比起來，實驗為了確保隱喻適切性操作成功而加入廣告介紹頁，是一種比較不自然的廣告接收程序，可能過度提升隱喻的影響力。此外，研究中「並置」和「圖文隱喻」的操弄，是將原本「結合」得很有創意的圖像拆開來。在重新製作時並沒有經過特別的設計，可能不適宜推論到這類廣告。現實生活

中，如果兩個事物並列比較，常常還是會經過特殊的安排，產生某種視覺趣味（例如圖5-3的Motorola廣告）。同樣的，圖文隱喻也常會在圖文關係上下功夫，讓廣告具有某種解讀的樂趣。只是，雖然不適於概化，卻不影響實驗結果的有效性。因為實驗操作表現形式的目標，是要觀察視覺設計所產生的處理經驗，對於廣告效果的影響，而非主張某種表現形式優於其他的形式。

未來的研究可以改進隱喻適切性的操作方式，並且讓實驗情境更近似一般生活，也許會有深入的發現。

註釋

1. 本章修改自吳岳剛、侯純純（2007）。

參考文獻

吳岳剛、侯純純（2007）。〈初探隱喻廣告中隱喻與表現形式的效果〉，《藝術學報》，第80期第3卷，29-45。

Gregan-Paxton, J. & John, D. R. (1997). Consumer learning by analogy: A model of internal knowledge transfer. *Journal of Consumer Research, 24* (3), 266-284.

Janiszewski, C. (1998). The influence of display characteristics on visual exploratory search behavior. *Journal of Consumer Research, 25* (2), 290-301.

Lakeoff, G. & Johnson, M. (1980). *Metaphors We Live By.* N.Y.: Harcourt Brace Jovanovich.

Larsen, V., Luna, D. & Peracchio, L. A. (2004). Points of view and pieces of time: A taxonomy of image attributes. *Journal of Consumer Research, 31* (1), 102-111.

Lewis, R. W. (1996). *Absolut Book: The Absolut Dodka Advertising Story.* MA: Charles E. Tuttle Co., Inc.

Markman, A.B. & Gentner, D. (2000). Structure mapping in the comparison

process. *American Journal of Psychology, 113* (4), 501-588.

Meyers-Levy, J. & Malaviya, P. (1999). Consumers' processing of persuasive advertisements: An integrative framework of persuasion theories. *Journal of Marketing, 63* (4), 45-60.

McBurney, D. H. (2001). *Research Method.* California: Wadsworth/Thomson Learning.

Phillips, B. J. & McQuarrie, E. F. (2004). Beyond visual metaphor: A new typology of visual rhetoric in advertising. *Marketing Theory, 4* (1/2), 113-136.

Peracchio, L. A. & Meyers-Levy, J. (1997). Evaluating persuasion-enhancing techniques from a resource-matching perspective. *Journal of Consumer Research, 24* (2), 178-191.

Pieters, R. & Wedel, M. (2004). Attention capture and transfer in advertising: Brand, pictorial, and text-Size Effects. *Journal of Marketing, 68* (2), 36-50.

Schwarz, N. (1990). Feelings as information: Informational and motivational functions of affective states. In E. T. Higgins & R. M. Sorrentino (Eds.). *Handbook of Motivation and Cognition: Foundation of Social Behavior Volume 2.* NY: The Guilford Press.

Schwarz, N. & Clore, G. L. (1983). Mood, misattribution, and judgment of well-ing-being: Informative and directive functions of affective states. *Journal of Personality and Social Psychology, 45* (September), 513-523.

Schwarz, N. & Clore, G. L. (1988). How do I feel about it? Informative functions of affective states. In K. Fiedler & J. Forgas (Eds.), *Affect, Cognition, and Social Behavior.* NY: C. J. Hogrefe, Inc.

附錄

附錄4-1
鞋子跟指紋能以這種方式
結合在一起，是不是出人
意料呢？

Be unique

amiński hand made shoes

（取材自2002年第4期的Archive雜誌）

孩子十分鐘就玩膩了，小象卻得不由自主一整天。

一隻非洲象每天至少需要三公里的活動量。動物園為了讓我們看清楚動物，往往忽略了牠們的習性需求，引發動物搖
頭晃腦的刻板行為。不吵鬧的孩子，更值得關心與幫助。當您看見類似情景，請主動要求園方，豐富環境，恢復牠們
的習性。

主辦單位　**HAPPITUDE**　國立政治大學廣告系
對的態度 ▶ 真的快樂　第十八屆跨媒體創作學程畢業展
http://happitude.nccu.edu.tw

廣告贊助

 關懷生命協會
以關懷動物為關懷生命的起點

人道對待動物：搖搖馬篇

作者：陳儷文、王瓊琳、蘇念微、羅建隆

這則廣刊登於第1065期商業周刊上，為動物爭取合理的生活空間。根據儷文、瓊琳、念微、建隆的研究，動物園裡大象「左右搖晃」看起來雖然可愛，卻是一種長期生活在狹小的空間裡所產生的「刻版行為」。他們利用公園裡常見的「搖搖馬」只能前後擺盪做出很簡單的動作來比喻；在這個層面上，隱喻屬於「外觀相似」。然而，儷文他們的想法不只如此。他們提出一個發人深省的問題：「小孩子擺盪個十分鐘，玩膩了就走人，那小象呢？」這是屬Phillips與McQuarrie（2004）的「相反」型的隱喻，意指「兩者雖然在某方面相似，卻在另一方面不同」，在這裡，隱喻的含意可以看成「遙遙馬跟小象一樣擺盪，但前者玩膩了就走人，後者卻永遠都走不了」。

隱喻用得很棒，但是「表現形式」卻叫人傷透腦筋。

我們原本想像的是白色的空間，只有一頭小象和（搖搖馬）下面的彈簧。可是大象的角度不管是朝向鏡頭（正面）或是朝向一邊（側面），怎麼看都像「一頭被彈簧頂著肚子的小象」，而不是「公園裡的『搖搖象』」。沒有「公園」，人們就感受不到突兀，也就不會產生視覺失衡。

我們嘗試其他的作法，譬如換成投幣式的電動搖搖馬，企圖讓投幣孔、電動底座襯托出「這是一頭真的大象被放在遊樂設施上」。但是把大象縮得太小，放在騎樓下的電動搖搖馬上，顯得很「假」。

最後，我們還是依賴「公園」背景，讓人一眼就能認出「搖搖馬變成了真大象」，並且產生一種視覺失衡。

平時我們看廣告時，大都把這類巧妙的合成視為理所當然。然而，就像本書在不同章節一再提到的，這類圖像在發想和製作上的工夫，絕不亞於發想隱喻「本身」。在我的創作和教學經驗上，透過圖像打個巧妙的比方，比在口頭上來得困難多了。問題是，花這麼多力氣去構思「表現形式」到底值不值得？本章的實驗給了我們初步的答案。

右圖是原本設計構想的大致模樣，提供讀者參考。

第六章
隱喻與賣點的可驗證性[1]

173

現代廣告面對的是一群精明，但是注意力有限的消費者。我們對誇大的廣告習以為常；對無所不用其極的創意感到麻木；我們懂得閃避廣告，即便是偽裝得很像新聞的廣編稿。在這樣的背景下，隱喻逐漸成為常見的廣告手法。隱喻帶來驚奇、化抽象為具象、化陌生為熟悉，可以快速、有效率的溝通訊息（Boozer, Wyld & Grant, 1992）。吳岳剛和呂庭儀（2007）在抽樣隱喻廣告時發現，三十年前平均翻閱10.2則廣告才能找到一則隱喻，現在翻5.7則就有。2007年的4A自由創意獎中，最佳平面廣告金、銀獎是隱喻，最佳海報金、銀、銅、佳作獎也是。「隱喻肯定是為了廣告而發明的」，多次one show獎得主，Follon McElligott廣告公司文案Sullivan（1998）這麼說。

然而，隱喻廣告到底有沒有實質的說服效果？至今還沒有具體的證據。這是因為（1）許多心理學的研究發現隱喻對溝通有幫助，但溝通（理解）並不等於說服，（2）對於隱喻說服力的實證研究結果分歧，（3）學界常以「廣告態度」衡量廣告的效果，但是「喜歡」一則廣告不代表受測者「接受」廣告的論點。有鑑於此，本研究以「人們接受廣告論點的程度」作為說服力的指標，觀察隱喻廣告的效果。

本章首先探討隱喻在心理學以及廣告學的研究成果，然後討論兩種廣告學界常用來測量「說服力」的指標，並且提出本研究的作法。此外，本章提出「賣點可驗證性」來區分廣告在溝通上的價值。理由是，可以在購買前驗證的商品賣點如球鞋的「顏色」，通常比較不會遭受消費者質疑，說服的門檻比較低；不能在購買前驗證的商品賣點如球鞋的「抓地力」，消費者必須親身體驗才能分辨真偽，說服的門檻比較高。利用實驗法，本研究對同一商品操作不同賣點，並且透過同一事物比喻，觀察說服效果的改變。在提報與討論實驗結果之後，本章對後續研究提出建議。

相關文獻

一、隱喻的說服效果

儘管我們對隱喻、類比的思考機制已經有深入的認識，然而「理解」並不等於「接受」；知道「男人像狼一樣，本能地掠食女人」是一

回事，但是要不要接受這個論點，又是另一回事。目前對於隱喻說服力的研究不多，而且結果分歧。Read、Cesa、Jones與Collins（1990，實驗二）設計了一篇立法強制人們扣上安全帶的文章，裡面包含正、反兩面的論點。正面論點主張扣上安全帶保障安全，反面論點主張強制人們扣上安全帶不尊重個人自由。部份的受測者只看到文章沒看到隱喻，部份的受測者看見文章加上「立法機關推動的強制扣安全帶法案，就像讓州長坐在你家浴缸裡叫你洗耳背」的隱喻。結果看見文章加上隱喻的受測者，在不贊成強制立法的態度上，比只看見文章沒看見隱喻的受測者來得強。而且兩組之間所有的差異，都來自「自由」這個面向。這表示隱喻能夠將人們對於某一議題的注意力集中在特定面向上，產生抑制反駁的效果。Sopory與Dillard（2002）利用後設分析法（meta analysis）分析29個研究隱喻溝通效果的實驗，發現透過隱喻傳達論點，比起不透過隱喻、直接陳述（直述）來得有說服力。在Bosman（1987）的實驗中，使用「面具」比喻一個右派政黨（CP黨）的特質，受測者對於「真實」面向上的題目，如「CP黨沒有把他的信念說清楚，而那些他沒說出來的，才是真正具有爭議的地方」、「如果你想要對抗CP黨，必須讓人們看見他的真實色彩」，同意度就比較高。相對的，用「土壤」比喻，受測者對於「根基」面向上的題目，如「想要處理種族主義，我們必須從根本的問題著手」、「對抗CP黨只是在處理一些外在的症狀，沒有任何意義」，同意度就比較高。然而，Bosman的實驗並未比較隱喻與直述。想要證明隱喻有說服的效果存在，必須讓隱喻「與」直述傳達同一件事並且進行比較，才能排除其他外在因素的干擾。Bosman與Hagendoorn（1991）改進Bosman（1987）的實驗，加入直述版本，繼續觀察「面具」與「土壤」隱喻如何影響受測者對CP政黨的觀感，結果發現直述比隱喻來得有說服力。

另一方面，在廣告學門中，針對隱喻說服力的研究同樣不多。有些時候，隱喻是與其他譬喻（trope）修辭格合併在一起研究（請參考McQuarrie & Mick, 1999; 2003; Mothersbauth, Huhmann, Franke, 2002; Tom & Eves, 1999; Toncar & Munch, 2001），隱喻到底有多少效果不容易斷定。少數針對隱喻而來的研究，亦非以說服力為主要焦點。例如Morgan與Reichert（1999）比較人們理解抽象、具象隱喻的差異。Phillips（1997）研究人們如何解讀隱喻廣告，發現受訪者所理解的，不全然跟廣告設計

者預期的一樣,而設計廣告的人,也不認為隱喻廣告需要讓所有的人都看得懂。Phillips(2000)研究隱喻廣告標題寫得是否明白露骨,人們在廣告態度上的差異。她發現明白露骨的標題雖然使得廣告容易理解,但也降低了解讀文本的樂趣,對廣告態度反而有負面的影響。

目前,在我所蒐集的資料裡,完全針對隱喻廣告說服力而來的研究只有Hitchon(1997),她發現在廣告中使用隱喻,比直述獲得較好的品牌態度。然而,有幾個問題使得研究結果值得商榷:(1)Hitchon使用的實驗廣告沒有圖像,隱喻和直述是以標題操作,這與現實生活中的隱喻廣告相去甚遠;(2)在沒有圖像的情況下,移去了標題裡的隱喻,廣告似乎沒剩下多少創意,使得直述版本的廣告很難跟隱喻相比;(3)這連帶產生一個奇特的現象,直述廣告所產生的品牌態度,甚至比那些用來引發負面觀感的隱喻還要低。

隱喻以及隱喻廣告有沒有說服力,至今仍舊缺乏定論,也許是因為所謂的說服,涉及態度、觀念的改變,也就因人、因事、因地、因時而異。想要改變人們水土保持的觀念,對於一個都市人來說,跟對一個居住在復興鄉種植水密桃的果農來說,有著不同的挑戰。而同樣是都市人,對於一塊地應該蓋公園還是停車場,也可能有兩極的看法。因此,隱喻的說服效果似乎取決於許多外在因素。Mio(1997)發現政治隱喻說服力的實證資料相互矛盾之後,提議「未來的研究應該將焦點放在隱喻何時有效以及何種隱喻有效上,而不是所有的隱喻有效與否」。Johnson與Taylor(1981)的研究證實這樣的觀點,他們發現政治隱喻只對那些關心政治、對政治已經相當瞭解的受測者具有說服效果。

同樣的,研究「所有的」隱喻廣告有沒有說服力似乎牽連太廣,因此本研究縮小範圍,把焦點放在隱喻廣告「何時」有效上。

二、賣點可驗證性

一則廣告在溝通上面臨的挑戰,受到許多外在因素的影響。其中,商品賣點可否在購買前驗證,直接關係著消費者對於廣告訊息的需求和質疑。根據資訊經濟學理論(Economics of Information; Nelson, 1970; 1974),搜尋性的產品特性(search attributes)如外觀造型、成份等,可以在購買前驗證,消費者抵制不實廣告的空間比較大,所以這類廣

告比較不會受到懷疑。經驗性的特性（experience attributes）如口味、功效，消費者無法在購買前驗證，廣告主吹噓的空間比較大，消費者也比較容易產生懷疑1。研究發現消費者的確比較不相信廣告中的經驗性賣點（Ford, Smith & Swasy, 1990）；在廣告中溝通搜尋性賣點的效果比經驗性賣點來得好（Wright & Lynch, 1995）；搜尋性產品廣告的訊息量跟閱讀率成正比，而經驗性產品則呈現負相關（Franke, Huhmann & Mothersbaugh, 2004）；在溝通經驗性賣點時人們比較缺乏信心，所以廣告主可信度扮演比較重要的角色（Jain & Posavac, 2001）；只有在溝通經驗性特性時，使用或不使用比較性廣告才會有明顯的差異（Jain, Buchanan & Maheswaran, 2000）。

　　透過隱喻銷售搜尋性、經驗性賣點會不會有效果上的差異？有兩種不同的推理。首先，搜尋性的賣點通常比較具象，人們沒有理解上的困難，也比較不會質疑，因此隱喻所產生的幫助有限；經驗性的賣點則相反。例如，球鞋的「顏色」是搜尋性賣點，人們無須花錢買回家親身使用，到店面、甚至在網路上就可以確認，不需要隱喻的輔助。而經驗性賣點如「抓地力」外表看不出來，輔以隱喻較能取得人們的信任。這樣的推理假定隱喻的說服力超越消費者對廣告的懷疑，並且得到（1）「經驗性賣點使用隱喻，對於說服力的提升，高於搜尋性賣點」的假設。

　　其次，另一截然不同的推理是，人們不會懷疑搜尋性的賣點，所以隱喻廣告比較能發揮效果；經驗性的賣點，即便使用隱喻，人們仍然抱持懷疑的態度。也就是說，球鞋的抓地力到底如何，消費者還是認為試了才知道，不會因為廣告用、不用隱喻而有所改變。這樣的推理假定消費者對廣告的懷疑超越隱喻的說服力，並且得到（2）「搜尋性賣點使用隱喻，對於說服力的提升，高於經驗性賣點」的假設。

　　前言提到我們是一群精明的消費者。我們習慣廣告總是誇大其詞、我們懂得閃避廣告、我們知道什麼時候應該對品牌忠誠抗拒誘惑、什麼時候適合價格導向留意促銷。此外，隨著時代的改變，我們吸收資訊的管道越來越多元。對於有興趣的商品，在走一趟店面之前有機會取得各式各樣的資訊，甚至上「奇摩知識」提出問題和交換使用經驗。與Nelson（1970; 1974）提出「資訊經濟學」的時代相比，30年後的今天，消費者不只是在「看得見摸得到」和「看不見用了才知道」之間做

選擇。換句話說，（1）廣告不再是商品資訊的唯一來源，（2）廣告的重要性和可信賴性，隨著媒體、資訊管道的多元而日益下降。在這樣的時代裡，假設二似乎是比較可能發生的現象。

三、說服力的測量

在廣告學門中，「廣告態度」是最常用來測量廣告效果的指標之一。廣告態度常用5、7或9等級語意差異量表，以「喜歡＼不喜歡」（favorable/unfavorable）、「有趣＼無趣」（interesting/uninteresting）、「好＼不好」（good/bad）、「愉悅＼不愉悅」（pleasant/unpleasant）這類題組測量，代表對於一則廣告的「整體觀感」。然而，人們對一則廣告有好感，未必代表接受廣告中的論點。MacKenzie與Lutz（1989）主張，廣告態度的形成，受到廣告論點可信度、廣告執行面、對廣告主的態度、對整體廣告的態度和心情的影響（請見圖6-1）。換句話說，人們喜歡一則廣告，可能是因為廣告說得有道理，或者是廣告執行得好；也可能是其他外在因素的影響。就好像日常生活中，我們對某個人有好感，可能是因為彼此的想法很契合、受到他＼她外表的吸引，或者因為他＼她有特殊背景…等等。

因此，測量一則廣告是否有說服力，應該考慮廣告的目的。有些廣告用來營造感覺、建立形象、或製造「笑」果，適合用廣告態度來測量。例如，Bobson牛仔褲小尻革命的電視廣告這麼說：

> 不讓你靠近，你才會靠我更近。走在你前面，你才懂得把我放在前面。穿上小尻革命，準備驕傲的背影，讓他追。

測量這類廣告是否讓人喜歡、愉悅，感覺是否有趣、好，似乎是很適切的做法。然而，某些廣告溝通具體的賣點，如球鞋的抓地力，想要知道消費者是否被說服，測量人們相信賣點的程度，似乎比「態度」來得直接而且明確。根據期望價值模式（Expectancy-Value Model；請參考Eagly & Chaiken, 1993），人們對於這類銷售訊息的反應，可以區分成「可能性」和「必要性」兩個部分。以球鞋抓地力為例，可能性指的是人們相信球鞋抓地力真的很強；而必要性指的是買球鞋需要考慮抓地力。一則廣告若是提出適當的證據或說法，可以說服人們相信廣告的

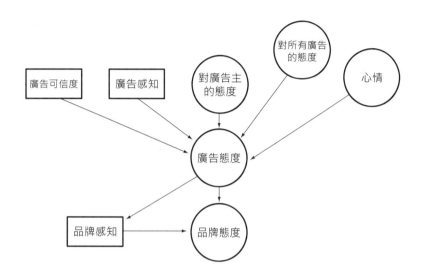

圖6-1 影響廣告態度的因素，改編自MacKenzie & Lutz（1989）

主張與事實相去不遠，此時的說服力是發生在「可能性」的層面。另一方面，人們有可能因為廣告所提出的主張，改變了對於產品賣點重要性的看法，此時說服力是發生在「必要性」的層面。無論層面為何，期望價值模式都能直接反應受測者的理性評估，比「整體態度」來得明確。對此，Bosman與Hagendoorn（1991:271）認為以「整體態度」衡量說服力，就好像告訴人們「彼得是一隻狐狸」，然後測量他們對彼得的觀感是好是壞，其實沒有真正掌握人們是否相信彼得是個狡猾的人。因此，本研究以賣點的可能性和必要性取代廣告態度，作為說服力的指標。

那麼，隱喻廣告如何影響「可能性」和「必要性」呢？Percy（1997／王鏑、洪敏莉譯，2002：40）曾說：

對大部分的產品類別來說，品類需求主要產生自文化上的改變（對於新品類），並在個人全面性或短暫性的環境（對

於新品類及現有品類）中逐漸形成。傳統的廣告透過銷售每一品類的方式，對品類需求的確有所幫助；然而，「銷售某一品類」比「建議使用某一品類」，來得重要多了。

也就是說，廣告適合在既有的需求上，影響人們的觀念或想法，當人們對某一品類沒有需求的時候，廣告能做的有限。以此類推，一個女性購買球鞋時可能不講究抓地力（沒有需求），廣告很難改變她對「必要性」的看法，但是如果廣告提出資料佐證，她還是有可能相信球鞋的抓地力真的不錯。有鑑於此，本研究推論，隱喻廣告能夠提升人們對賣點「可能性」的相信程度，但無法改變「必要性」的看法。

最後， MacKenzie與Lutz（1989）認為，在典型的實驗室情境中，對於廣告主張的思考會直接透過廣告態度影響品牌態度。雖然本研究不以廣告態度作為說服力的指標，但是賣點的可能性和必要性，都是屬於對廣告主張的思考。因此，如果（1）隱喻廣告只有在搜尋性賣點的情況下發揮效果，（2）隱喻能夠影響可能性的認知，那麼（1）加（2）似乎有可能造成隱喻廣告只有在銷售搜尋性賣點時，對於品牌態度有較強的影響；銷售經驗性賣點時，隱喻與直述沒有太大的差別。

假設一：以隱喻廣告來銷售搜尋性賣點，對於賣點「可能性」的提升，大於用來銷售經驗性賣點。

假設二：以隱喻廣告來銷售搜尋性賣點，對於賣點「必要性」的提升，無異於用來銷售經驗性賣點。

假設三：以隱喻廣告來銷售搜尋性賣點，對於品牌態度的提升，優於用來銷售經驗性賣點。

研究方法

一、實驗設計

本研究利用實驗法，操弄訊息、賣點兩個自變數，並且進行相關的測量。其中，訊息變數有兩個水準（隱喻、直述），賣點亦同（搜尋性、經驗性）。因此，本實驗為2x2完全組間設計。

　　實驗法的優點是可以控制外在因素的干擾，將所得結果歸諸於自變數的改變。對於本研究所欲探索的問題，以實驗法來獲知結果，在國外廣告學門相關期刊中是十分常見的作法。本文所引述之研究，絕大多數皆使用實驗法。

二、自變數的操弄

　　本研究選定球鞋作為廣告商品，因為參與研究的受測者為大學生，大多有使用和購買球鞋的經驗。此外，球鞋有許多不同性質的賣點，有助於實驗的操作。

　　對於搜尋、經驗性賣點的操作，本研究參考Ford、Smith與Swasy（1990）的做法。他們以「最早何時可以得知真偽」操作賣點的可驗證性，並且分成購買前、購買後、只有專家知道、沒有人知道等四種層次。「購買前」可以驗證的屬於搜尋性賣點，「購買後」屬於經驗性賣點。

　　本研究意圖以「顏色」和「抓地力」操作球鞋的搜尋性與經驗性賣點。因為這兩個特質，可以透過同樣的事物比喻（請見下節討論）。在一個前測中，這兩個賣點，加上其他在網路上搜尋而得的五個球鞋賣點（造型、可更換鞋墊、可調節濕度的鞋墊材質、後跟加裝蜂巢氣囊、圖案），由23位與正式實驗同性質很高的受測者評量。結果評定顏色可以在購買前驗證的受測者有95.7%。在抓地力方面，65.2%的受測者認為購買後才能知道、30.4%認為只有專家知道，4.3%認為沒有人知道。由於本研究操作搜尋、經驗性賣點，背後的理論是消費者對於廣告的懷疑，而一個「只有專家知道」或「沒有人知道」的賣點，令人懷疑的程度應該都超過「購買後」，因此以抓地力操作經驗性賣點應該不至於造成偏誤。

三、實驗刺激物

　　實驗廣告取材自國外的廣告年鑑，以免受測者先前曾經接觸過。這則廣告的原意是以章魚比喻球鞋的「迷幻色彩」，然而章魚也可以用來比喻「抓地力」，因此很適合搜尋、經驗性賣點的操作。由於本研究還需要操作隱喻、直述，因此實驗廣告並非直接利用國外廣告原稿，而是

另尋章魚圖片重新製作，並且以一張籃球運動的圖片作為直述廣告（請見圖6-2、6-3、6-4、6-5）。

搜尋性賣點的標題是「迷幻新色」，內文是上網搜尋真實球鞋的賣點改寫而成：

> 假動作、偽裝、和閃避，是你面對外在威脅時的本能反應。現在這樣的潛能可以延伸到球鞋上。FunSport利用最新的纖維科技，將顯色材料封入微膠囊，塗佈於球鞋表面，顏色隨角度變化，迷亂對手的目光，讓你迅速從混亂中脫身。

經驗性賣點的標題是「超強抓地力」，內文同樣根據真實球鞋的賣點改寫：

> 假動作、欺敵、和閃避，是球場上必備的生存技巧，現在你又多了一項秘密武器。FunSport利用最新研發的NETSHOX系統迴力柱科技，以及碳纖橡膠鞋底，增加避震性與抓地力，讓你的身體獲得足夠支撐。有了FunSport，你更容易從混亂中脫身。

此外，品牌以FunSport為名，在網路上搜尋，國內並無使用這個名稱的相關產品。

四、實驗流程

受測者是北部某大學147位大學生，由選修作者「向量繪畫創作」課程的學生招募而來，以取得平時成績（該課程的學生並未參與實驗）。他們在招募受測者時有以下限制：（1）本校在學學生，（2）非廣告系學生，（3）非研究生。147位受測者中，男性佔46.3%；一到四年級分別佔16.3%、29.9%、40.8%、12.9%。受測者來自不同領域，包括文學院9.5%、理學院2.7%、社會學院17%、法學院6.1%、商學院27.9%、外語學院12.2%、國際學院3.4%、教育學院1.4%、以及傳播學院19.7%。

　　受測者被隨機分配到四種實驗情境。他們在進入教室之前，桌上已經擺好一本小冊子。在坐定之後，透過Powerpoint簡報，受測者被告知「這是與一家知名廣告公司合作所進行的研究案，目的是瞭解消費者的購買習慣，以及對廣告的觀感。請您以『消費者』的身份提出自己的看法，不是評估其他人會怎麼想」。接著介紹答題方式，然後他們翻開桌上的小冊子開始作答。小冊子包含一則廣告，以及兩頁的問卷。每一次測試，從開始到完成所需時間約10分鐘。在實驗結束之後，每位受測者領取100元的酬金。

五、依變項的測量

　　問卷第一題針對「可能性」，詢問「您是否相信FunSport球鞋有『迷幻新色』？」；對於接受經驗性賣點操弄的受測者，則詢問「您是否相信FunSport球鞋有『超強抓地力』？」以九等級語意差異量表測量，題組是「相信＼不相信」、「是真的＼不是真的」。第二題針對「必要性」，詢問「購買球鞋時，對於『迷幻新色』這個賣點，您認為？」（經驗性賣點問「超強抓地力」）語意差異量表兩端分別是「重要＼不重要」、「有需要＼沒有需要」。第三題問品牌態度「整體來說，您對於FunSport球鞋的觀感如何？」以「好＼不好」、「喜歡＼不喜歡」、「有用＼沒有用」測量。

　　問卷第二頁第四到六題是為了檢驗受測者的反應，是否受到其他外在因素的影響。第四題測量產品使用經驗，詢問「對於球鞋這項產品，您的使用經驗如何？」，同樣以九等級語意差異量表測量，題組是「很有經驗＼沒有經驗」、「知道很多＼知道很少」。第五、六題測量購買球鞋對受測者的重要性，以免過度關心或不關心這個商品意外的影響實驗結果。兩題分別詢問「球鞋這項產品與您的關聯性如何？」、「購買球鞋對您來說？」，題組分別是「與我有關＼與我無關」、「重要＼不重要」。

　　第七題是操弄檢測，以確定受測者正確瞭解隱喻的含意。此題詢問「請問廣告中出現的『章魚』有何含意？」為一問答題，受測者在空格裡自由寫下自己的想法。問卷最後紀錄基本資料。

圖6-2 實驗中「搜尋性賣點＋隱喻」廣告的操作

圖6-3 實驗中「搜尋性賣點＋直述」廣告的操作

圖6-4 實驗中「經驗性賣點＋隱喻」廣告的操作

圖6-5 實驗中「經驗性賣點＋直述」廣告的操作

研究結果

一、操弄檢測（Manipulation check）

在所有147位受測者中，有74人觀看隱喻廣告，這些人的問卷裡有一個題目題詢問章魚的含意，以確定受測者瞭解隱喻。受測者寫下的想法，由作者以及一位不知道研究目的的廣告所研究生進行判讀。74人中有4人沒有作答[2]，對於其餘的70人，兩人的判讀有95.7%相同。對於不相同的部分，兩人再討論取得共識。最後的結果顯示，70位受測者有68人回答正確，顯示隱喻的操弄成功。

二、說服力：可能性

研究中對於「可能性」是以九等級語意差異量表測量「相信＼不相信」、「是真的＼不是真的」。計算兩題的信度 α 值得到0.94，達「十分可信」水準（吳統雄，1985），因此將兩題合併計算。此外，為了避免實驗結果受到外在因素的干擾，本研究測量受測者對於球鞋的「使用經驗」和「關心度」，並且以統計方法控制，使得依變項的改變，可以完全歸諸於自變項。在使用經驗上，兩個題目的信度 α 值為0.94；在關心度上，信度 α 值為0.84，因此分別將使用經驗和關心度的兩個題目合併計算。

為了控制使用經驗和關心度的影響，將實驗數值以共變數分析進行運算。統計結果顯示，使用經驗（$F(1, 146) = 0.52, p > 0.4$）和關心度（$F(1, 146) = 2.93, p > 0.05$）都未到達顯著水準，代表這兩個變數並未嚴重干擾實驗結果。然而，邱皓政（2000）認為，未達顯著水準的共變數，仍舊需要納入共變數分析的計算，因為控制變項（使用經驗和關心度）所解釋的變異量即使再小，都可以影響誤差變異量，進而影響變異數分析的結果。因此，後續提報的數據，仍然採用共變數分析的結果。

假設一預期，用隱喻廣告來銷售搜尋性賣點，對於賣點「可能性」的提升，大於用來銷售經驗性賣點。測量「可能性」的兩個題目的信度 α 值為0.94，因此將兩題合併計算。共變數分析的結果顯示，訊息與賣點之間的確存在顯著的交互作用（$F(1, 146) = 5.45, p < 0.05$），請見表6-1、圖6-6。事後比較各組的平均值發現，在搜尋性賣點的情況下，使

表6-1 實驗所得各項數據，及其統計檢定結果之整理

依變項＼賣點	訊息		交互作用	搜尋性賣點 隱喻與直述 的差異	經驗性賣點 隱喻與直述 的差異
	隱喻	直述			
可能性					
搜尋性	6.01	4.28	$F(1, 146) = 5.45^*$	$t(71) = 3.28^{**}$	$t(71) = 3.28^{**}$
經驗性	5.42	5.19			
必要性					
搜尋性	4.34	3.71	$F(1, 146) = 4.53^*$	$t(71) = 1.22$	$t(71) = 1.22$
經驗性	5.43	6.34			
品牌態度					
搜尋性	4.87	3.84	$F(1, 146) = 1.77$	$t(71) = 2.75^{**}$	$t(72) = 1.0$
經驗性	5.14	4.78			

$^{**}p < 0.01$, $^*p < 0.05$

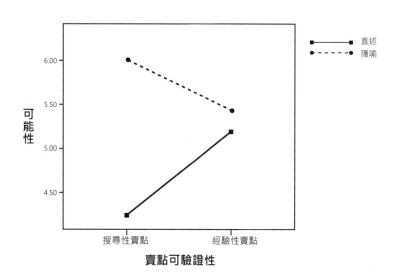

圖6-6 隱喻廣告在搜尋性、經驗性賣點情況下，對賣點「可能性」的影響

用隱喻所得到的「可能性」平均值為6.01，直述為4.28，兩者之間具有顯著的差異（$t(71) = 3.28, p < 0.01$）。在經驗性賣點的情況下，使用隱喻得到5.42，直述5.19，兩者沒有顯著差異（$t(72) = 0.58, p > 0.5$）。因此，假設一獲得支持。

三、說服力：必要性

在必要性的檢定上，使用經驗（$F(1, 146) = 0.05, p > 0.5$）和關心度（$F(1, 146) = 2.22, p > 0.1$）都未到達顯著水準，代表實驗結果並未受到這兩個變數的嚴重干擾。假設二預期：隱喻對於賣點必要性的提升，不會因搜尋性、經驗性而有所差異。測量「必要性」的兩個題目的信度 α 值為0.92，因此將兩題合併計算。共變數分析的結果顯示，訊息與賣點之間存在顯著的交互作用（$F(1, 146) = 4.53, p < 0.05$），與假設二的預期不符。進一步檢視發現，在搜尋性賣點情況下，隱喻的必要性平均值為4.34，直述為3.71，兩者之間並無差別（$t(71) = 1.22, p > 0.2$）；在經驗性賣點的情況下，隱喻、直述分別為5.43、6.34，亦無顯著差異（$t(72) = 1.73, p > 0.05$）。因此推斷，兩個變數之間顯著的交互作用代表著隱喻因搜尋性、經驗性賣點而有迥異的效果，請見圖6-7。假設二僅獲得部分的支持。

四、說服力：品牌態度

統計結果顯示，使用經驗（$F(1, 146) = 0.23, p > 0.5$）和關心度（$F(1, 146) = 2.41, p > 0.1$）皆未對品牌態度造成嚴重干擾。

假設三預期，隱喻對廣告「可能性」的影響，會轉移到品牌態度上，因為MacKenzie與Lutz（1989）主張，在典型的實驗室情境中，對於廣告主張的思考會直接透過廣告態度，影響品牌態度。果真如此，品牌態度上訊息與賣點的交互作用應該會再度出現。測量品牌態度三個題目信度 α 值為0.87，因此合併計算。共變數分析的運算結果顯示，兩者之間的交互作用並未到達顯著水準（$F(1, 146) = 1.77, p > 0.1$）。但是，進一步檢視各組的平均值發現，預期中的趨勢的確存在。當隱喻用在搜尋性賣點時，品牌態度平均值為4.87、直述為3.84，兩者間具有顯著差異（$t(71) = 2.75, p < 0.01$）。而用在經驗性賣點時，隱喻、直述的品牌態

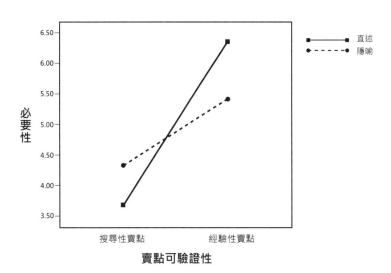

圖6-7　隱喻廣告在搜尋性、經驗性賣點情況下，對賣點「必要性」的影響

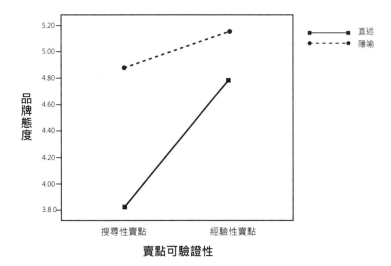

圖6-8　隱喻廣告在搜尋性、經驗性賣點情況下，對品牌態度的影響

度分別為5.14、4.78，差異並不明顯（$t(72) = 1.0$, $p > 0.2$）。因此，假設三也獲得部分的支持。請見圖6-8。

研究結果討論

以廣告態度測量說服力，難以看出隱喻是否真能改變人們對於廣告賣點的接受程度。因此，本研究以受測者對賣點「可能性」和「必要性」的看法，評估說服力。此外，由於賣點可否於購買前驗證，影響消費者對廣告的懷疑程度，本研究預期隱喻只有在銷售搜尋性賣點時，能夠提升廣告的說服力。研究結果證實這樣的推論。只是，隱喻廣告的說服力僅止於影響賣點「可能性」，無法改變人們對「必要性」的看法。

出乎意料的是，在驗證假設二對於「必要性」的推論時，發現訊息與賣點之間具有顯著的交互作用。儘管事後比較顯示，隱喻與直述在搜尋性、經驗性賣點的情況下，都沒有顯著的差別，然而顯著的交互作用代表某種趨勢的存在。觀察表6-1、圖6-4發現，銷售搜尋性賣點時，隱喻的必要性分數大於直述；銷售經驗性賣點時，直述卻大於隱喻。這意味著隱喻在銷售不讓人懷疑的賣點時，能對「必要性」產生影響。相反的，如果消費者對賣點沒有信心，以直述的方式把話說清楚也許是比較有效的策略。

在品牌態度上，假設三所預期的交互作用並沒有發生。觀察表6-1、圖6-5，這似乎是因為隱喻在銷售搜尋性賣點時，並沒有對品牌態度產生十分積極的影響。推測可能的原因，是人們在評估一個品牌的時候，除了考慮廣告訊息之外，還會評估這個品牌的賣點是不是適合自己、或者與競爭者有何明顯差異。拿球鞋的顏色來說，儘管受測者因為隱喻而比較相信實驗廣告所說的「迷幻新色」，但是九等級的量表裡，迷幻新色的「必要性」平均值只有4.03，低於中間值4.5，也顯著的低於抓地力的5.89（$t(145) = 5.0$, $p < 0.001$）。這代表受測者普遍不認為「迷幻新色」是購買球鞋時的必要考量。根據期望價值模式理論，態度等於可能性與必要性乘積的總和。因此，品牌態度的表現，可以解釋成當迷幻新色的可能性與必要性相乘的時候，過低的必要性分數降低了乘積。換句話說，儘管相信廣告所言為真，但他們還是不怎麼喜歡這個主打顏色的品牌。

　　只是，如果當時不選「色彩」，改以其他較受歡迎的搜尋性賣點，會不會產生較好的品牌態度反應？目前無從得知，值得後續研究納入考慮。對於現階段的實驗結果來說，由於研究目的不在於比較搜尋性、經驗性賣點使用隱喻，何者的效果較好，而是隱喻對於何者的幫助比較大。因此，容易受到質疑的賣點使用隱喻無助於克服疑慮，似乎是可以肯定的。

結論、限制與後續研究

　　無論時報廣告金像獎、4A自由創意獎、甚至時報廣告金犢獎，隱喻都是常客，由此可知隱喻在現代廣告中扮演的角色。有鑑於媒體的多元、廣告的無所不在，為了突破消費者倦怠並且迅速溝通訊息，此一現象似乎不足為奇。真正令人感到意外的，是隱喻說服效果的實證研究並不多，而且現有的證據未必都是正面、支持的。

　　認知心理學、認知語言學的研究顯示，隱喻其實不完全是一種特殊的溝通手法，而是人們日常生活中慣用、甚至不可或缺的思考機制。這代表「隱喻常見，但未必有效」，也意味著探究隱喻什麼時候有效、哪一種隱喻有效，是比較實際的研究方向。

　　本研究發現，當消費者對產品賣點感到懷疑的時候，隱喻沒有說服的效果。相反的，當消費者不懷疑賣點的真實性時，才是使用隱喻的適當時機。此外，隱喻的說服效果主要在於提升賣點的「可能性」，也就是讓消費者相信廣告所言屬實，但不能改變人們對賣點「必要性」的看法。最後，隱喻很可能透過「賣點可能性」的提升影響品牌態度，所以在賣點可信度令人懷疑時，隱喻對品牌態度的幫助同樣有限。

　　在研究限制上，為了對同一商品操作不同賣點，而且又要能夠透過同一事物（章魚）比喻，給予實驗產品和賣點的選擇諸多限制，因此可能影響外在效度；現實生活中，也許單賣「色彩」的球鞋不多。此外，真實世界的隱喻廣告大多透過電腦軟體巧妙的結合兩個比較的事物，使得賣點本身的說服力是一回事，執行所帶來的美感經驗又是另一回事。事實上，研究中所參考的國外球鞋廣告，原本就是將章魚與球鞋巧妙的合在一起，視覺效果令人無法忽視。雖然本研究不是針對視覺設計而予

以控制，但在推論至真實生活中的隱喻廣告時，仍然應該有所保留。

以上兩點，正也是後續的研究可以改進和發展的方向。

註釋

1. 本章修改自吳岳剛（2007）。
2. 本研究將產品「賣點」與「特性」視為同義詞。
3. 經檢視，這四位受測者對於其他題組的回答完整，所以在後續分析時並未將他們的資料排除。

參考文獻

王鏑、洪敏莉譯（2002）。《整合行銷傳播策略》，台北：遠流。（原書Percy, L. [1997], *Strategies for Implementing Integrated Marketing Communication*. Illinois: NTC Business Books.）

邱皓政（2000）。《社會與行為科學的量化研究與統計分析》，台北：五南。

吳統雄（1985）。〈態度與行為研究的信度與效度：理論、反應、反省〉。《民意學術專刊》，夏季號。

吳岳剛（2007）。〈隱喻、產品特性的可驗證性、與說服〉。《商業設計學報》，第11期：1-17。

吳岳剛、呂庭儀（2007）。〈譬喻平面廣告中譬喻類型與表現形式的轉變：1974-2003〉。《廣告學研究》，28：29-58.

Boozer, R. W., Wyld, D. C. & Grant, J. (1992), Using metaphor to create more effective sales messages. *The Journal of Business & Industrial Marketing, 7* (1), 19-27.

Bosman, J. & Hagendoorn, L. (1991). Effects of literal and metaphorical persuasive messages. *Metaphor and Symbolic Activity, 6* (4), 271-292.

Bosman, J. (1987). Persuasive effects of political metaphors. *Metaphor and Sym-*

bolic Activity, 2 (2), 97-113.

Eagly, A. H. & Chaiken, S. (1993). *The Psychology of Attitude.* TX: Harcout Brace Jovanovich, Inc.

Ford, G. T., Smith, D. B. & Swasy, J. L. (1990). Consumer skepticism of advertising claims: testing hypotheses from economics of information. *Journal of Consumer Research, 16* (4), 433-441.

Franke, G. R., Huhmann, B. A. & Mothersbaugh, D. L. (2004). Information content and consumer readership of print ads: a comparison of search and experience products. *Journal of the Academy of Marketing Science, 32* (1), 20-31.

Hitchon, J. C. (1997). The locus of metaphorical persuasion: an empirical test. *Journalism and Mass Communicaiton Quarterly, 74* (1), 55-68.

Jain, S. P. & Posavac, S. S. (2001). Prepurchase attribute verifiability, source credibility, and persuasion. *Journal of Consumer Psychology, 11* (3), 169-180.

Jain, S. P., Buchanan, B. & Maheswaran, D. (2000). Comparative versus non-comparative advertising: the moderating impact of prepurchase attribute verifiability. *Journal of Consumer Psychology, 9* (4), 201-211.

Johnson, J. T. & Taylor, S. E. (1981). The effect of metaphor on political attitudes. *Basic and Applied Social Psychology, 2* (4), 305-316.

MacKenzie, S. B. & Lutz, R. J. (1989). An empirical examination of the structural antecedents of attitude toward the ad in an advertising pretesting context. *Journal of Marketing, 53* (2), 48-65.

McQuarrie, E. F. & Mick, D. G. (2003). Visual and verbal rhetorical figures under directed processing versus incidental exposure to advertising. *Journal of Consumer Research, 29* (4), 579-587.

McQuarrie, E. F. & Mick, D. G. (1999). Visual rhetoric in advertising: text-interpretive, experimental, and reader-response analyses. *Journal of Consumer Research, 26* (1), 424-438.

Mio, S. J. (1997). Metaphor and politics. *Metaphor and Symbol, 12* (2), 113-

133.

Morgan, S. E. & Reichert, T. (1999). The message is in the metaphor: assessing the comprehension of metaphors in advertisement. *Journal of Advertising, 28* (4), 1-12.

Mothersbaugh, D. L., Huhmann, B. A. & Franke, G. R. (2002). Combinatory and separative effects of rhetorical figures on consumers' effort and focus in ad processing. *Journal of Consumer Research, 28* (4), 589-602.

Nelson, P. (1970). Information and consumer behavior. *Journal of Political Economy, 78* (March/April), 311-329.

Nelson, P. (1974). Advertising as information. Journal of Political Economy, 83 (July/August), 729-754.

Phillips, B. J. (2000). The impact of verbal anchoring on consumer responses to image ads. *Journal of Advertising, 29* (1), 15-24.

Phillips, B. J. (1997). Thinking into it: consumers' interpretation of complex advertising images. *Journal of Advertising, 26* (2), 77-87.

Read, S. J., Cesa, I. L., Jones, D. K. & Collins, N. L. (1990). When is the federal budget like a baby? metaphor in political rhetoric. *Metaphor and Symbolic Activity, 5* (3), 125-149.

Sopory, P. & Dillard, J. P. (2002). The persuasiveness effects of metaphor: a meta-analysis. *Human Communication Research, 28* (July), 382-419.

Sullivan, L. (1998). *Hey, Whipple, Squeeze This!: A Guide to Creating Great Ads.* N.Y.: John Wiley & Sons.

Tom, G. & Eves, A. (1999). The use of rhetoric devices in advertising. *Journal of Advertising Research, 39* (4), 39-43.

Toncar, M. & Munch, J. (2001). Consumer responses to tropes in print advertis-

ing. *Journal of Advertising, 30* (1), 55-65.

Wright, A. A. & Lynch, J. G. (1995). Communication effects of advertising versus direct experience when both search and experience attributes are present. *Journal of Consumer Research, 21* (1), 708-718.

作品櫥窗

台灣科技大學工商業設計系招生海報

作者：吳岳剛、侯純純、詹弼勝、黃芷晴

這是我在台灣科技大學工商業設計系服務時，指導學生完成的招生海報。最後獲得採用的是第一張「文明曙光篇」，使用的是「設計是文明的曙光」的「抽象隱喻」。

對於一個系所來說，設備、師資、獲獎紀錄、就業率…都是「搜尋性賣點」，那些首屈一指、第一、最大、最好…等等的，如果不是「只有專家知道」的「信任性賣點」，至少是「用過才知道」的「經驗性賣點」。

問題是，說自己好，大家都會。如何在「台科大已經是技職院校龍頭」的（事實）基礎上，表現自己的好，我認為需要跳脫「吹擂」的「賣點」思維，進到理念的層次。這張稿子的出發點就在這裡。

儘管「設計，文明的第二道曙光」誰都可以說，但不是很多人想要這樣說，因為那關乎格調、理念和威望。

我們很技巧的支持這個理念的「可驗證性」。圖像呈現的是一盞燈，這個設計作品獲得「2003生活工場工業設計競賽大專學生組第一名」。他的燈罩使用特殊材質，拉上拉鍊可以讓它變成「全罩式」，散發柔和的光線；拉鍊拉一半跟不拉時，又有不同的照明效果。同樣一盞燈，「設計」讓它的用途更多樣化，也讓我們的生活更加文明。

副標：桌燈穿上了衣服，拉上拉鍊時浪漫、拉一半時溫馨、不拉時熱情。

　　文案：這裡聚集了許多相信設計比選票更容易改善環境的設計菁英，隨時在課堂上、展覽會場上、專家演講的投影片上、羅斯福路的人行道上激發彼此的潛能，然後透過一件件的作品推動文明的腳步。如果你有一肚子鬼點子等待鑑賞，或者你喜歡鑑賞別人一肚子鬼點子，加入我們，你會看到設計一盞桌燈就足以讓未來充滿希望。

　　相對於「曙光篇」，後面兩張未被選上的稿子，就屬於「吹擂」的賣點思維，放在這裡給讀者比較、參考。

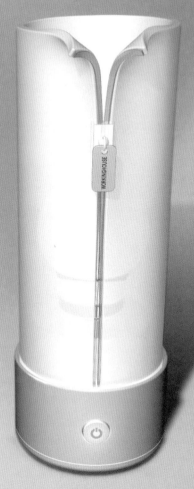

師資簡介

教授兼設計學院院長
陳玲鈴
美國凱西祖大學博士

教授
林登龍
日本千葉大學博士

教授兼系主任及所長
張文智
英國曼徹斯特都會大學博士

副教授
陳春富
美國紐勒岡大學博士

副教授
伊彬
美國伊利諾大學博士

副教授
吳志剛
美國德州大學讀佳碩士

助理教授
鄭金典
美國Cranbrook Academy of Art碩士

助理教授
柯志祥
美國中央英特蘭大學博士

助理教授
王茉崙
美國中央英特蘭大學視覺傳達設計系博士

助理教授
梁成溪
美國家藝術學院工業設計博士

助理教授
陳建志
美國喻羅國大學工業設計博士

94學年度
國立台灣科技大學
工商業設計系暨設計研究所

WORKINGHOUSE
2003生活工場工業設計競賽
大專學生組第一名
黃梓育

設計，文明的第二道曙光。

桌燈穿上了衣服，拉上拉鍊時浪漫、拉一半時溫馨、不拉時熱情。

這裡聚集了許多相信創意比選票更容易改善環境的設計菁英，隨時在課堂上、展覽會場上、專家演講的投影片上、羅斯福路的人行道上激發彼此的潛能，然後透過一件件的作品推動文明的腳步。如果你有一肚子鬼點子等待鑑賞，或者你喜歡鑑賞別人一肚子鬼點子，加入我們，你會看到設計一盞桌燈就足以讓未來充滿希望。

台灣科技大學工商業設計研究所
激發與卓越

研究所招生　　工業設計21組
　　　　　　　商業設計1組
　　　　　　　資訊設計1組

博士班招生　　工業設計1組
　　　　　　　商業設計組

http://www.dt.ntust.edu.tw
dtoffice@mail.ntust.edu.tw
台北市基隆路四段四十三號　(02)27376302

師資簡介

四神聰。〔別名神聰四穴〕

以督脈的百會為中心，前後左右各一寸，共計四穴。
前穴拔美感，後穴激創意，左穴開眼界，右穴長智慧。

上陳老師的課、看北美館的展覽、聽動腦雜誌辦的演講、
參觀南京東路上的一家設計公司、坐捷運到東區、跟班上的A漢聊天…，
這裡每一件事都在衝擊你的想法。
找對地方，刺激夠強，設計功力的精進比你想像的還快。

國立台灣科技大學工商業設計系

執。業。中。

決定自己的名號

未命名－1

國立台灣科技大學
工商業設計系暨設計研究所

大學部招生　■ 工業設計組　■ 商業設計組

大學部				學制
聯合登記分發	四年制推薦甄試	四年制申請入學	四年制	招生方式
商設 工設	商設 工設	商設	商設	組別
綜合高中	綜合高職	高中生		目標對象
15	10	15	5 20	名額
92年12月	92年11月	92年12月		簡章發售日期
93年01月	93年08月	93年03月		報名日期

研究所招生　■ 工業設計組　■ 商業設計組　■ 資訊設計組

研究所			學制
在職專班	一般	提前甄試	招生方式
設計 資設 工設	資設 工設	資設 工設	組別
10	3 5	2 5 7	名額
			簡章發售日期
			報名日期

博士班招生　■ 工業設計組　■ 商業設計組

博士班		學制
商設	工設	名額
4	5	
簡章發售日期		
報名日期		

http://www.dt.ntust.edu.tw
dtoffice@mail.ntust.edu.tw
台北市基隆路四段四十三號 (02)27376302

第七章
隱喻與廣告主可信度[1]

201

隱喻與廣告主可信度

　　根據修辭理論，在語文中使用隱喻偏離一般人平時使用語文的經驗，驅使人們進一步的思索話中的含意，並且在理解隱喻真正的含意之後，產生解讀的樂趣（McQuarrie & Mick, 1996）。換句話說，隱喻提升人們處理廣告的「動機」。另一方面，根據心理學、認知語文學理論，隱喻主要的價值在於比較兩個原本不相干的概念，對於思考和推理產生幫助。換句話說，隱喻有助於提升人們處理廣告的「能力」。這些特色是不是可以對廣告的說服力產生實質的幫助呢？這幾年隱喻廣告的相關研究雖多，但是在我蒐集的文獻裡，還缺乏直接、具體的證據。因此，本研究的第一個目的，是單獨鎖定隱喻，在同樣產品和論點的情況下，觀察隱喻廣告的效果。

　　此外，隱喻對每一位廣告主都一樣有效嗎？同樣的隱喻，出自不同人的口中，人們在經歷映射、理解、推理等過程之後，會不會參考這個人過去說話的可信度，而決定要不要接受這個隱喻呢？學者認為，廣告主是解讀隱喻的「脈絡」，人們據以釐清哪一個是載體、哪一個是主體、以及兩者之間的關聯性（Forceville, 1996:98-104; Phillips, 1997）。舉例來說，圖7-1是一則隱喻廣告，我把品牌標誌遮掩起來，讀者在看這則廣告時，是不是感到失去解讀的方向呢？此時，倘若我提示這是一則汽車廣告，各位是否能了解香蕉皮的含意？接下來，我再提示這汽車賣的是四輪驅動系統，各位的了解程度如何？最後我再提示，四輪驅動系統的好處，是可以增加四輪的抓地力，讓車子比較不容易打滑。如此一來，各位對於香蕉貼膠帶的了解又是如何？[2,3]

　　從這個例子可以看出來，理解廣告中的隱喻，除了對於主、載體的了解之外，還有一些其他的知識左右我們解讀的方向。這，廣告主，就是所謂的解讀「脈絡」。然而，「廣告主」其實包含「產品」跟「品牌」兩方面的知識[4]。上述的幾個提示，基本上都是「產品知識」，只要消費者知道四輪驅動的特性，就能解讀這個隱喻。只是，人們要不要接受這個隱喻，似乎又有其他的考量。例如，當我提示這則廣告是由德國奧迪汽車所刊登，相對於台灣的日產汽車，似乎左右著人們對於這個隱喻的接受程度，因為「品牌」除了一般性的產品知識，還包括品質、市場定位和表現…等等知識。這些知識常常包含態度和觀感，我們不只用它來理解香蕉皮，還有可能用來評估香蕉皮說得有沒有道理。其間的差異，就如同知道一個隱喻是出自一個「政治人物」口中，相對於出自

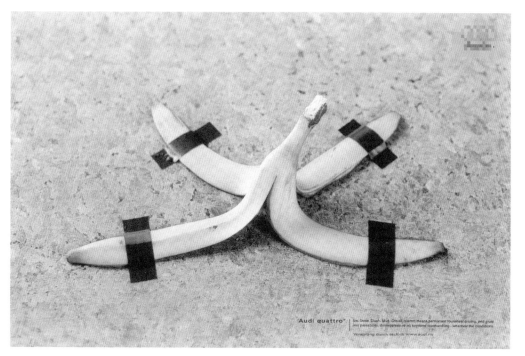

圖7-1 同樣的隱喻，廣告主不同，解讀的方向也不同

（取材自2002年第4期的Archive雜誌）

馬英九或陳水扁口中，在接受程度上可能明顯不同。因此，本研究的第二個目的，是觀察消費者在處理隱喻廣告時，會不會利用品牌知識來評估隱喻所傳達的論點。

相關文獻

「廣告主」可以視為一個由品牌名稱為核心所構成的知識網路，由人們對品牌的特性、利益、形象、看法、感覺、態度和經驗所構成（Keller, 2003）。在這個知識網路中，某些知識與整個產品類別有關，如四輪驅動系統讓四個輪子同時輸出動力，因而比兩輪驅動具有更好的操控性；某些知識與特定的品牌有關，如某品牌的四輪驅動系統可以根據輪子打滑的程度機動調整每一個輪子的動力輸出。這兩類的知識在理

解隱喻廣告的過程中，扮演不同的角色。

　　產品知識包含對於某個產品類別一般性的了解，只要有適度的機會接觸，人們大都對商品存有這類知識。例如，洗髮精的賣點大都包含洗淨、保護髮質、柔順，洗衣精賣點大都包含鮮豔、去污力，牙膏賣點是潔白、防蛀。Phillips（1997:82）發現，受訪者只要具備產品知識，就能理解廣告中的隱喻。在她的研究中，對於一則柔衣精廣告，人們只要「認得產品是柔衣精，就知道廣告主要傳達的是柔軟相關的訊息」。在這裡，「柔衣精的賣點大都是（讓衣物洗完之後）柔軟」是產品知識，許多時候人們只要知道這個，就能在主、載體之間進行映射。還記得第一章提過「男人是狼」的隱喻，Gentner與Bowdle（2001）說人們在理解隱喻時，首先映射「掠食」，然後是男人與狼、女人與獵物，最後推論「本能」這層關聯性。把這個過程轉換到廣告中，產品知識形同提示了人們「掠食」這層相似性，是理解隱喻廣告的第一步。

　　品牌知識時常包含評估性的看法，例如對於「奧迪汽車」的認識，包含透過各種管道或場合所累積的知識和經驗，像是品質、服務等等。換句話說，廣告主知識包含了產品和品牌知識。但是，由於廣告主知識的範圍仍然十分廣泛，本文鎖定其中的「可信度」作為指標。廣告主可信度屬於Keller（2003）所謂品牌知識網路中的「態度」[5]，是對於品牌是否專業、可信賴和誠實的評估性意見。

　　把人們對廣告主的認識分成產品、品牌知識，有助於我們看清楚「脈絡」（context）對於人們理解隱喻的影響。對於一個廣告主，不是所有人都具備兩種知識。有些人可能具備產品知識，知道四輪驅動是什麼，但缺乏品牌知識，無法分辨奧迪汽車所設計的四輪驅動有什麼特殊之處。換句話說，產品知識可以視為理解的脈絡，品牌知識可以視為評估的脈絡。從這個角度看，本章探究的問題可以換個說法，問「人們利用產品知識理解隱喻之後，會不會動用品牌知識來評估隱喻？」這，似乎有兩條推論的方向。

　　首先，如果消費者動用很多品牌知識來評估廣告中的隱喻，那麼廣告主的可信度會產生積極的影響力。也就是說，由高可信度廣告主所提出的隱喻會比低可信度的廣告主來得具有說服力。這樣的現象符合人們「那要看話是誰說的」的直覺，也可以在實證研究中找到支持。例如，

在MacKenzie與Lutz（1989）廣告態度架構中，廣告主的可信度是影響廣告可信度和廣告態度的重要因素。Goldberg與Hartwick（1990）的研究發現廣告主可信度在訊息較為極端的時候特別容易看得出差異；可信度高的廣告主提出極端的訊息比較不會受到質疑，可信度低的廣告主提出的訊息越極端，廣告的可信度越低。Lafferty與Goldsmith（1999）的研究發現，代言人可信度和廣告態度的關係比較密切，但是在評估品牌時，廣告主可信度卻有比較強烈的影響；而且在購買意願方面，廣告主可信度也比代言人的影響來得顯著。Goldsmith、Lafferty與Newell（2000）的實驗結果顯示代言人可信度不會對品牌態度造成直接的影響，但是廣告主可信度卻直接影響廣告態度、品牌態度和購買意願。從這些研究可以看出，如果消費者在理解廣告中的隱喻之後動用品牌知識評估隱喻，那麼可信度高的廣告主所刊登的隱喻廣告在說服力上會大於可信度低的廣告主。

其次，如果消費者沒有動用太多品牌知識來評估廣告中的隱喻，那麼廣告主可信度的高、低就不會產生積極的影響力。在這樣的情況下，隱喻廣告的說服力不是以廣告主可信度為依據，而是支持、反駁論點的多寡。所以我們有可能會見到隱喻對不同可信度的廣告主，有不同的幫助。高可信度的廣告主所提出的論點因為本來就不會受到質疑，所以隱喻幫助思考、抑制反駁論點的特性對於廣告說服力的提升有限；相對的，低可信度的廣告主所提出的主張比較容易受到質疑（反駁），透過隱喻對於思考的引導和抑制反駁的效果，在廣告說服力上的提升會比較大。

消費者動用少許品牌知識的可能性可以用認知資源分配和轉移來思考。Larsen、Luna與Peracchio（2004）認為一個符號設計上的特性可以增減其「醒目性」（salience），進而增減處理該符號所需的認知資源。例如，平時看廣告，我們大多對美麗的模特兒習以為常，不會仔細去看她的身材、衣著、髮型、化妝…。但是，透過適當的設計，好比把眼影畫得很誇張，我們就會注意她的眼睛；她頭上插了很特別的花，就會吸引我們多看幾眼；她的服裝比較暴露，我們就會注意她的身材。這些，都是在操作符號的「顯眼性」，也是創作廣告的人用來操弄人們接收訊息的過程的工具。

在消費者處理廣告的認知資源有限的前提下,隱喻廣告有可能在兩個層面上佔用較多的認知資源:(1)廣告中的隱喻在意義層面上需要人們多花點心力想一想,(2)隱喻廣告在視覺表現上如果做得很「顯目」,也會吸引人們的注意力。此時,消費者耗費較多的資源「處理」廣告,留下較少的資源「評估」廣告,相對的減低反駁的可能性[6]。注意力轉移與抑制反駁論點的關係,在Anand跟Sternthal(1990)的實驗中可以得到部份的證實。他們為同樣的訊息設計了三種處理難易不同的版本,並且操作受測者暴露於訊息的次數,結果發現需要耗費心力處理的版本,比較不會隨著暴露次數的增加產生反駁的論點;因為困難的訊息讓人將心力投注於處理,而不是質疑。

　　研究假設:高可信度廣告主透過隱喻的方式表達論點,在廣告態度、品牌態度、和行動意願上的提升,少於低可信度廣告主透過隱喻的方式表達。

研究方法

一、實驗設計

本研究操作廣告主可信度(高、低)與隱喻(有、沒有)兩個自變項,依變項是廣告態度、品牌態度和推薦意願。其中,廣告主可信度是一個組間的因子,隱喻是組內的因子,因此本實驗是一個二因子混合設計。

二、隱喻與直述的操弄

本研究的隱喻是以圖像的形式來執行。這是因為許多廣告透過圖像來表現隱喻,而且圖像是視覺的焦點,容易操作出差異。

為了避免有人看過測試的廣告,本研究從Archive《廣告檔案》雜誌以及《第十屆中國廣告節獲獎作品集》中篩選出4則真實的平面廣告:玉米粥、防蚊液、螞蟻藥及洗衣精。每一則廣告都掃描到電腦中,依據研究所需進行圖像及文字上的修改,並且換上虛構、沒有特別含意的中英文品牌名稱。

在圖像上，隱喻的操作是透過影像處理軟體將載體移去，使得圖像隱喻消失，但是留下圖像仍舊是一則完整的廣告。例如在防蚊液廣告中，隱喻版本的圖像，是防蚊液與蚊帳的巧妙結合，意指防蚊液就像蚊帳一樣。在移去蚊帳之後，留下原本睡在蚊帳中的女子。熟睡的模樣，依舊符合廣告標題「超長效保護，噴後即可防蚊長達2天」（請參考圖7-2～7-9）。所有實驗廣告的隱喻和直述版本，除了圖像上的差異，其他的構成元素如標題、內文、品牌名稱和編排設計均相同。

在標題的處理上，為了能夠凸顯廣告主可信度扮演的角色，研究中採用誇張的主張來做為廣告的論點。根據Tan（2002）的研究，客觀的主張雖然比較容易被接受，但是誇張的客觀主張，反倒較有可能會受到懷疑。據此，我們分別為每一個商品設計出四句「客觀+主觀」的誇張標題，將廣告主可信度置於一個比較嚴苛的狀態。這4句標題，由22位學生參與前測，利用五等級的李克特量表，透過四個題目評量：「這是一個誇大不實的標題」、「這樣的說法令人懷疑」、「有證據支持我會相信這個說法」、「商家有很好技術就有可能做到」。其中，前兩題測量誇大的程度，後兩題測量可接受的程度。在挑選適當標題的時候，目標是找到「令人懷疑、但有證據就能接受」的論點，理由是當廣告標題誇張到說什麼都無法讓人相信時，再特別的手法都不可能改變。

根據這樣的想法，最後選用的標題在誇張的程度上皆接近4，代表受測者同意這是一個誇張的標題。另外，在可以接受的程度上皆大於3，代表他們同意廣告主張有證據就能接受。最後選擇的標題，及其相關數值如表7-1。

三、廣告主可信度的操弄

本研究參考Goldberg與Hartwick（1990）的實驗操作，從可信賴、專業以及誠實三個面向，來操弄廣告主可信度。實驗進行之前，先介紹廣告主。被安排在高可信度組的受測者，看到以下的版本：

> 歐克蘭公司成立於1860年（距今已有140年以上的歷史）
> ，公司總部位於美國的芝加哥。一開始以研發醫藥用品為主，

隱喻與廣告主可信度

表7-1　實驗中四個廣告商品、其標題，
以及「誇張程度」與「有證據就可以接受」的分數

廣告商品	隱喻	標題	測量面向	分數
玉米粥	玉米像啞鈴	富含最有價值的維生素，吃玉米粒不用再吃維他命。	誇張	3.89
			可接受	3.11
洗髮精	頭髮像鞦韆	45秒內瞬間修護，復甦秀髮的生命力。	誇張	4.10
			可接受	3.07
防蚊液	防蚊液像蚊帳	超長效保護，噴後即可防蚊長達二天。	誇張	3.98
			可接受	3.30
螞蟻藥	螞蟻藥像巧克力	最具毀滅性的新發明，一小時立即驚奇見效。	誇張	4.11
			可接受	3.39

圖7-2 隱喻版本的玉米粥廣告

圖7-3 直述版本的玉米粥廣告

圖7-4 隱喻版本的洗髮精廣告

210

圖7-5 直述版本的洗髮精廣告

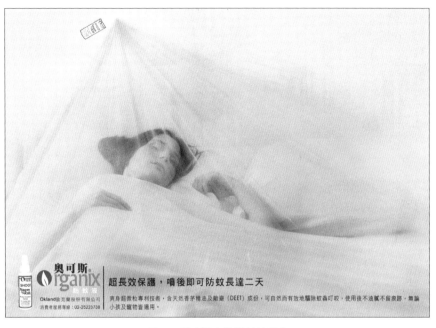

圖7-6 隱喻版本的防蚊液廣告

圖7-7 直述版本的防蚊液廣告

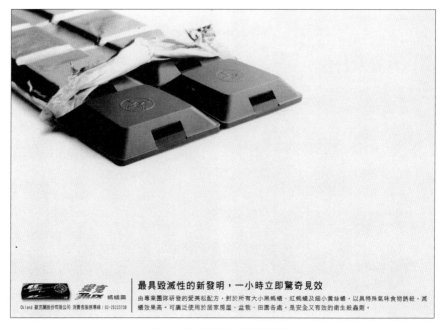

圖7-8 隱喻版本的螞蟻藥廣告

圖7-9 直述版本的螞蟻藥廣告

之後以「醫藥研究」的優勢，進軍健康保養品市場。目前在市場上的產品多數都已享有50年以上的歷史，從醫藥用品到機能性健康食品等一應俱全，是橫跨美容、健康、居家保健用品的旗艦品牌。近年來歐克蘭陸續在英國、法國、日本等地成立分公司，去年營業額高達1800億台幣，員工1200人。

歐克蘭公司除了在全球市場上有亮眼的成績之外，每年還提供台幣1000萬贊助美國當地六所大學的相關科系進行研究，並且積極協助推動產學合作。此外，公司也常開放學生到場參觀，由專人導覽，深獲學界好評。

歐克蘭公司相當重視產品的售後服務，設有顧客投訴專線，專門處理顧客對於產品的疑問。顧客服務中心主任柏莉莎（Lisa Brummel）表示，只要遇到消費者不滿意，他們都會將其視為改進產品的機會儘快處理。

被安排在低可信度組的受測者，看到以下的版本：

歐克蘭公司成立於1998年（距今約7年的歷史），公司總部位於菲律賓。早期是以經營有機農產品起家，之後漸漸嘗試往健康保健品方面發展。一年營業額約800萬台幣，員工25人。

歐克蘭公司的產品在市場上的壽命多數都只有2到3年，主要市場多集中在東南亞及印度等地區。因為沒有自己的研發部門開發新產品，因此公司主要商品皆委託相關廠商加工製造，從保養品到健康食品都有銷售，種類繁多。

近年來，歐克蘭公司有意前往大陸投資健康飲料市場，結果因市場評估的錯誤，導致公司財務虧損。去年初甚至遭當地小報揭發其產品成份標示不明，而且許多消費者的投訴皆未獲得回應，一直到新任總經理接手處理之後，銷售情況才逐漸回穩。

新總經理上任後再度致力於拓展鄰近國家的市場。由於缺乏完整的行銷經驗，對於不同國家的市場都是以打游擊的方式先行試探，再決定後續投注的資金規模。

　　為了讓可信度的操弄更具效果，除了上述的文字敘述之外，在投影片上還放上三張照片，分別是建築物的外觀、實驗室以及一位「經理人」。高可信度的廣告主所搭配的建築物是現代化的高樓，低可信度廣告主為兩層樓房；高可信度廣告主的實驗室是科技的，低可信度廣告主是「廠房」；高可信度廣告主的經理是西方人，低可信度廣告主則是亞洲人。

四、實驗程序

　　考慮到組內測試的學習效應，測試的廣告在隱喻／直述版本，以及四則廣告出現的順序上，都儘可能達到交錯的目標。接收到「高可信廣告主」處理的受測者，有一半看到的廣告順序是「隱喻→直述→隱喻→直述」，另一半看到「直述→隱喻→直述→隱喻」；接收到「低可信廣告主」處理的受測者亦同。此外，在每一個細格（Cell）中，四則廣告都有「玉、洗、防、螞」、「洗、玉、螞、防」、「防、洗、螞、玉」等三種順序（請參見表7-2）。

　　本研究共有63位北部某大學一、二年級的受測者參與，其中大一學生58位，大二5位。本研究使用低年級之學生，是為了避免太多專業訓

表7-2　實驗廣告順序的安排

組別	暖身	廣告1	廣告2	廣告3	廣告4
1	洗衣L	玉M	洗L	防M	螞L
2	洗衣L	洗M	玉L	螞M	防L
3	洗衣L	防M	洗L	螞M	玉L
4	洗衣L	玉L	洗M	防L	螞M
5	洗衣L	洗L	玉M	螞L	防M
6	洗衣L	防L	洗M	螞L	玉M

「洗衣」為洗衣精（暖身廣告）。「玉」代表玉米粥，「洗」為洗髮精，「防」為防蚊液，「螞」為螞蟻藥，M為隱喻廣告，L為直述廣告。

練，影響受測者接收視覺溝通訊息的能力。然而即便如此，專業訓練和性向仍舊有可能影響實驗的結果。對此，本文將在「結論、限制與後續研究」加以討論。

受測者中，有32位被安排到「高可信度」組，31位到「低可信度」組。實驗是以8-11人為一組進行。在坐定之後，研究者透過Powerpoint投影片，介紹本次調查是受「歐克蘭公司」委託，針對英文廣告翻譯成中文之後，所進行的「中文版本平面廣告調查」，目的是了解台灣消費者對廣告的感覺（歐克蘭為一虛構的公司）。接下來的Powerpoint簡報介紹「歐克蘭」的背景，高、低可信度組分別看到上述不同版本的介紹，然後他們翻開桌上的小冊子，觀看廣告並且作答。小冊子裡每一則廣告之後都有一頁問卷，測量該廣告是否適合台灣市場、廣告態度和品牌態度；小冊子最後一頁調查的是推薦意願和操弄檢測。受測者以自己的速度觀看廣告，實驗完成約需15分鐘。受測者在實驗結束後收到一隻市價約100元的玩具小熊做為酬謝。

五、依變項的測量

詢問「廣告是否適合台灣市場」的目的是延續實驗的偽裝，並沒有列入分析。廣告態度是以「喜歡／不喜歡、好／不好、欣賞／不欣賞」五等級語意差異量表測量，品牌態度用同樣的量表，只是端點改成「喜歡／不喜歡、好／不好、有用／沒有用」。

此外，小冊子的最後一頁，推薦意願詢問單選題「如果您的朋友剛好有需要，您會推薦下列哪一個商品給對方使用？」。操弄檢測是以李克特五等級量表詢問「歐克蘭公司具有足夠的專業技術來製造廣告中的商品」、「購買歐克蘭公司生產的商品，我不擔心售後服務的問題」及「我認為歐克蘭公司對於旗下商品的優缺點都會據實以告，不會有所隱瞞」。

研究結果

一、操弄檢測

測量廣告主可信度三道題目的信度 α 值為0.78。吳統雄（1985:29-53）根據相關係數及變異數分析理論，並且參考約兩百篇提出信度的研究，建議介於0.7與0.9之間的信度值達到「很可信」的標準[7]。因此將三個題目合併成一個可信度數值進行運算。高可信度的廣告主所測得的可信度數值為4.0，低可信度廣告主為2.84，兩者間的差異到達顯著水準（$t(60) = 7.23, p < 0.001$），顯示可信度的操弄成功[8]。

二、假設檢定

本文預期在廣告態度上，隱喻廣告對於高可信度廣告主的幫助，少於對低可信度廣告主的幫助。換句話說，如果這個假設成立，隱喻廣告和廣告主可信度之間會有交互作用存在。

測量廣告態度三道題目 α 值為0.88，因此將三個題目合併進行運算。將研究結果進行2x2混合因子變異數分析發現，兩個變數之間交互作用未達顯著水準（$F(1, 61) = 0.53, p > 0.4$）。

在品牌態度上，三道題目 α 值為0.92，因此合併進行運算。以品牌態度為依變項進行2x2混合因子變異數分析檢測，結果廣告主可信度與隱喻廣告之間交互作用同樣不顯著（$F(1, 61) = 0.88, p > 0.3$）。

最後，在推薦意願上，在高可信度的情況下，透過隱喻廣告銷售的產品佔67.9%，透過直述廣告銷售的佔32.1%。在低可信度的情況下，隱喻與直述廣告的推薦意願分別為65.5%與34.5%。卡方檢定的結果顯示，隱喻、直述廣告的效果，沒有因為廣告主可信度而有所不同（$\chi^2(1) = 0.35, p > 0.5$）。整體來說，本章的假設並未獲得支持。

三、其他發現

在隱喻的主要效果上，隱喻廣告所產生的廣告態度平均值是4.01，直述廣告是2.99，兩者間具有顯著的差異（$t(62) = 10.48, p < 0.001$）。在品牌態度上，透過隱喻傳達論點的品牌所獲得的品牌態度平均值是3.82

，直述廣告的品牌態度平均值是3.45，差異亦達顯著水準（t (62) = 3.63, $p < 0.01$）。對於推薦意願，結果顯示當受測者有需要推薦時，無論高低可信度的廣告主，選擇透過隱喻廣告銷售的商品，都是直述廣告的一倍（隱喻66.7%，直述33.3%）。

在廣告主可信度的主要效果上，研究結果顯示，高可信度廣告主所產生的廣告態度平均值是4.25，低可信度廣告主是3.76，兩者具有顯著差異（t (61) = 3.18, $p < 0.01$）。在品牌態度上也有同樣的現象；高可信度廣告主的品牌態度平均值是4.05，低可信度廣告主是3.58，差異達顯著水準（t (61) = 2.93, $p < 0.01$）。然而，在推薦意願上，選擇高可信度廣告主所銷售的產品佔50.9%，低可信度廣告主佔49.1%，兩者幾乎沒有差異。以上 t 檢定數值請見表7-3整理。

研究結果討論

整體來說，本研究發現隱喻廣告具有提升說服力的效果。透過隱喻傳達的論點，獲得較好的廣告態度、品牌態度和推薦意願。此外，隱喻廣告的幫助會因廣告主而有所不同；同樣的隱喻，透過高可信度廣告主具名刊登，廣告態度和品牌態度比較高。換句話說，隱喻廣告的效果，「要看話是誰說的」。這意味著，雖然理解隱喻主要依賴產品知識，但是對於隱喻的評估，主要依賴品牌知識。也就是說，處理隱喻廣告可能有兩個脈絡存在，產品知識是「理解」脈絡，品牌知識是「評估」脈絡。

特別的是，在推薦意願上，受測者對於高、低可信度廣告主具名刊登的廣告，並沒有不同的反應。可能的原因之一，是他們認為廣告中的商品不會因為廣告主可信度不同，在品質上有太大的差別。另一個可能，是學生族群不是玉米粥、螞蟻藥、防蚊液這類商品的主要使用族群，可能對這些商品的涉入度很低。不過，考慮到前人的研究發現，在低涉入的情況下，人們更有可能依賴廣告主可信度下判斷（Petty, Cacioppo & Schumann, 1983）。倘若受測者真的漠不關心，廣告主可信度的影響應該會更強。因此，我們傾向於相信，這些商品差異性太低，導致受測者在做選擇時，不以廣告主可信度為主要考量。

表7-3　研究所得各項數據，以及檢測結果之整理

自變數	依變數	總人數	各組人數	平均值	t
操弄檢測	廣告主可信度	62	高可信＝31	4.0	7.23**
			低可信＝31	2.84	
隱喻	廣告態度	63	隱喻＝63	4.01	10.48**
			直述＝63	2.99	
	品牌態度	63	隱喻＝63	3.82	3.63*
			直述＝63	3.45	
廣告主可信度	廣告態度	63	高可信度＝32	4.25	3.18*
			低可信度＝31	3.76	
	品牌態度	63	高可信度＝32	4.05	2.93*
			低可信度＝31	3.58	

**$p < 0.001$, *$p < 0.01$

表7-4　研究中所有假設之驗證結果

假設	內容	研究結果
1a	廣告態度：隱喻＞直述	支持
1b	品牌態度：隱喻＞直述	支持
1c	推薦意願：隱喻＞直述	支持
2a	廣告態度：高可信廣告主＞低可信廣告主	支持
2b	品牌態度：高可信廣告主＞低可信廣告主	支持
2c	推薦意願：高可信廣告主＞低可信廣告主	不支持
3a	廣告態度：高可信廣告主＋隱喻＜低可信廣告主＋隱喻	不支持
3b	品牌態度：高可信廣告主＋隱喻＜低可信廣告主＋隱喻	不支持
3c	推薦意願：高可信廣告主＋隱喻＜低可信廣告主＋隱喻	不支持

　　出乎意料的，隱喻廣告對高、低可信度廣告主有不同幫助的推論，並未成立（本章提出的假設）。推測可能的原因是，隱喻對於高、低可信度廣告主產生不同的幫助，而實驗使用的量表，無法捕捉到這層差異。我們臆測，高可信度廣告主比較不會引起反駁，受測者以「欣賞」的角度看隱喻，所以態度的提升來自解讀的樂趣。低可信度的廣告主比較會引起質疑，所以態度的提升是來自抑制反駁。對此，我們沒有測量受測者在觀看廣告時的認知反應，所以無從驗證。但是，在前人的研究中，我們找到間接的支持。Harmon與Coney（1982）在實驗中讓受測者暴露於「租電腦」跟「買電腦」兩種情境。他們發現，廣告若是由高可信度廣告主具名刊登，人們在兩種情境下對廣告的反應沒有差別。若是由低可信度廣告主具名刊登，則人們對廣告的反應，在「租電腦」的情境下會比在「買電腦」來得正面。這是因為，高可信度廣告主比較不會引起反駁，人們沒有對廣告進行深入的思考，所以不受到租、買情境的影響。低可信度廣告主會引起反駁，所以在比較不會產生反駁的情境下（租電腦），對廣告的反應比較好。當然，購買情境的操作與隱喻廣告不同，但廣告主可信度與反駁的關係卻很明顯。未來的研究若能夠觀察態度改變的機制，或者測量態度的不同面向，也許對隱喻廣告的運作會有更深入的瞭解。

　　最後，研究對於廣告主可信度的操作可能讓可信度高、低的差異太過極端，造成無論使用什麼樣的訴求或手法，都無法避開可信度的影響。假如對於「低可信度」的操弄讓受測者對該公司的誠信起了懷疑而將其歸類為「二流」甚至是「不好」的公司，在生活中黑心商品時有所聞的情況下，隱喻對低可信度廣告主的廣告所能產生的幫助就十分有限。但是，如果真是這樣，我們應該見到高可信度的廣告主使用隱喻可以得到較好的效果，低信度的不會。不顯著的交互作用似乎代表受測者對於低可信度的廣告主沒有產生足以左右廣告效果的成見。

結論、限制與後續研究

　　研究發現，在廣告中，同樣產品與論點，使用隱喻傳達所獲得的

廣告態度、品牌態度和推薦意願，會比直述的方式來得好。這個現象，發生在一個論點較為誇大、對廣告主可信度要求比較嚴苛的情況下。此外，隱喻的說服力會因廣告主可信度而有所差異。同樣的隱喻由高可信度廣告主具名刊登，所獲得的廣告態度和品牌態度，高於由低可信度廣告主來刊登。

　　將產品知識視為隱喻廣告的「理解脈絡」、品牌知識視為「評估脈絡」，引發以下的思考。首先，由於產品知識影響理解隱喻的能力，所以在廣告中怎樣「打比方」，必須考慮消費者對於產品是否有深入的瞭解。對於產品有充分瞭解的消費者，可能適合比較複雜、深沈的隱喻。相對的，某些廣告以吸引非使用者為目標，這些消費者對於產品類別的知識比較不完整，可能適合比較單純、淺顯的隱喻。此外，由於品牌知識影響隱喻的效果，所以在使用隱喻之前，也許更應該考慮論點的本質，是否切中消費者疑慮。

　　在研究限制上，（1）實驗所使用的商品，在一般人的購買習慣裡，可能不覺得品牌之間有太大的差異。因此，雖然廣告主可信度的操作通過操弄檢測，但受測者在評估廣告或品牌時，可能不以產品特性為考量的依據。因此，實驗結果在推論到差異性較大的產品時（如手機、球鞋），需要考慮消費者評估模式的不同。（2）實驗情境可能讓受測者處於一個涉入度較高的狀態。在真實生活中，人們大都是淺涉的處理廣告，廣告主可信度、隱喻廣告所產生的影響可能有所不同。（3）參與本研究之受測者雖為商業設計低年級學生，且施測時間為（第二學期）三月，但是設計教育與性向，仍舊有可能對處理廣告的能力產生影響。換言之，受測者可能對於視覺隱喻有比較高的敏感度，過度提升隱喻的效果。（4）本研究並未控制生活型態、家庭背景、所得收入，嚴格來說無法排除這些變數的影響。以上四點，皆是研究結論在應用時的重要考量。

　　未來的研究，可以考慮在比較接近真實生活的情境下，觀察隱喻與廣告主可信度是否有交互作用。此外，在測量隱喻廣告效果時，考慮量表是否能夠捕捉到受測者情感與認知上的反應，將有助於探索是否有不同的因素影響受測者態度的改變。

註釋

1. 本章修改自吳岳剛（2007）。

2. 又，倘若我把廣告商品改成「超強黏力膠帶」，這則廣告甚至不是隱喻，而是「誇張」手法。由此可見，廣告中的「廣告主」，左右人們對於廣告訊息的解讀。

3. 這是一則奧迪（Audi）汽車的廣告。

4. 「廣告主」（advertiser）一詞在本書中用來泛指「具名刊登廣告的組織」。在圖7-1的廣告裡，廣告主是奧迪汽車。本文將認為人們對「奧迪汽車」的了解可以再細分為（1）與「奧迪」這個品牌有關，和（2）與「汽車」這個商品類別有關的知識。

5. Keller（2003:59）對於品牌知識中的「態度」，定義為「對於任何品牌相關訊息的概括性判斷與總體評估」（summary judgments and overall evaluations to any brand-related information）。

6. 此處的「處理」指的是人們注意和理解廣告訊息的過程，而「評估」則是在理解之後，人們判斷廣告論點有沒有道理並且形成態度和看法的過程。本段文字旨在討論一則廣告中如果隱喻和表現形式都很特別，進而吸引人們投注較多心力在「注意和理解」上，可能會連帶造成人們將較少的心力放在評估上。

7. 吳統雄（1985）認為「對研究問題相當瞭解，已有相當多文獻可以參考的研究，至少要超過『可信』以上水準；探索性、有關案例很少的研究，『稍微可信』亦可通過…」。由於本研究測量廣告態度、品牌態度之題組在廣告學術領域中已行之有年，而且信度值0.78已達「很可信」水準，應不至於有太大偏誤。

8. 63位受測者中，有1人未填答操弄檢測題組，因此操弄檢測只比較高、低可信度各31位受測者之反應。由於該名受測者其他題目皆有回答，資料尚稱完整，所以在後續分析時，並未剔除他＼她的資料。

參考文獻

吳統雄（1985）。〈態度與行為研究的信度與效度：理論、反應、反省〉。《民意學術專刊》，夏季號，台北，29-53。

吳岳剛（2007）。〈廣告主可信度對於隱喻廣告效果的影響〉。《設計學研究》，10-2：1-18.

Anand, P. & Sternthal, B. (1990). Ease of message processing as a moderator of repetition effects in advertising. *Journal of Marketing Research, 27* (3), 345-53.

Forceville, C. (1996). *Pictorial Metaphor in Advertising.* London: Routledge Press.

Gentner, D. & Bowdle, B. F. (2001). Convention, form, and figurative language processing. *Metaphor and Symbol, 16* (3&4), 223-247.

Goldberg, M. E. and J. Hartwick (1990). The effects of advertiser reputation and extremity of advertising claim on advertising effectiveness. *Journal of Consumer Research, 17* (2), 172-179.

Goldsmith, R. E., Lafferty, B. A. & Newell, S. J. (2000). The impact of corporate credibility and celebrity credibility on consumer reaction to advertisements. *Journal of Advertising, 29* (3), 43-54.

Harmon, R. R. & Coney, K. A. (1982). The persuasive effects of source credibility in buy and lease situations. *Journal of Marketing Research, 19* (2), 255-260.

Keller, K. L. (2003). Brand synthesis: The multidimensionality of brand knowledge. *Journal of Consumer Research, 29* (4), 595-600.

Larsen, V., Luna, D. & Peracchio, L. A. (2004). Points of view and pieces of time: A taxonomy of image attributes. *Journal of Consumer Research, 31* (1), 102-111.

Lafferty, B. A. & Goldsmith, R. E. (1999). Corporate credibility's role in consumers' attitudes and purchase intentions when a high versus a low credibility is used in the ad. *Journal of Business Research, 44* (2), 255-260.

MacKenzie, S. B. & Lutz, R. J. (1989). An empirical examination of the structural antecedents of attitude toward the ad in an advertising pretesting context. *Journal of Marketing, 53* (2), 48-65.

McQuarrie, E. F. and D. G. Mick (1996). Figures of rhetoric in advertising language. *Journal of Consumer Research, 22* (4), 424-438.

Petty, R. E., Cacioppo, J. T. & Schumann, D. (1983). Central and peripheral routes to advertising effectiveness: The moderating role of involvement. *Journal of Consumer Research, 10* (2), 135-146.

Phillips, B. J. (1997). Thinking into it: Consumers' interpretation of complex advertising images. *Journal of Advertising, 26* (2), 77-87.

Tan, S. J. (2002). Can consumers' skepticism by mitigated by claim objectivity and claim extremity? *Journal of Marketing Communications, 8* (1), 45-64.

作品櫥窗

農業精品：LV皮包篇

作者：張菀芸、李卓潔

這是畢業展「農業精品組」的主視覺，寬2公尺，高2.5公尺。在畢業展會場上，主視覺扮演著「吸引人」和「很快看懂主題」的角色，並且在留住觀眾腳步之後，深入溝通主題。

菀芸和卓潔表現「精品」的方式很特別。她們知道LV皮包的造型、圖案與配色，是許多人具備的「品牌知識」，因此只要能找到適當的方式把「農業」的概念加上去，就很適合傳達「農業精品」。

接下來，皮包跟蔬果的結合有很多做法。其中一種，是把皮包的配件（如背帶、扣環）合成到蔬果上，這樣做讓「農業」的感覺重於「精品」。另一種作法，是把蔬果的圖案合成到皮包上，讓「精品」的感覺重於「農業」。我們決定選擇後者。但是無論哪一種，其實都根植於人們對LA經典款皮包的「品牌知識」。

她們兩人嘗試了許多蔬果，我們希望「遠看像LV包包上的圖案，近看很快可以認出是蔬果」，最後選定了草莓、香蕉和番茄。此外，為了更貼近LV的「品牌印象」，她們把農業精品的英文字頭AP（Agriculture Product）設計得很像LV。

農業精品，簡單地說，就是精緻的農產品。它們有些經過篩選、有些經過加工、有些經過包裝，然後蛻變成新的樣子，出現在我們眼前。

農業精品背後都有故事，麻豆每年三月的滿地柚花，在農民、農會和大學的合作之下，成為一罐罐洗髮精。嚴選的桃園13號芋香米，在一番努力過後，順利穿上新裝。各種花卉、水果，一次又一次的研發新品種，得到不少專利。這其中充滿了人的味道，還有農民、作物和土地合作的感覺。

農業精品也是農業轉型的一環。讓大家重新看見農業和作物的價值；同時也幫助調節產銷，讓賣不完的農產品有另一條出路；而一旦有了固定的市場，就會有固定的原料需求，讓農民能以簽約的方式，找到買主。尤其是那些透過農會輔導的單位，因為採固定範圍價格收購，就更不用擔心價賤或賣不出去的問題。

農業精品

農業精品還讓我們重新開始關心農業問題。那些關於人的、土壤的、雨水的、生命的，對都市人而言，不過是種量產的商品，和貨價上、倉庫裡的東西沒什麼差別。加上田地破碎、產銷失衡、農民收入不穩定等困境，人們不看好農業，所以沒有新血加入，也讓勞力不斷老化，但農業真的是落後產業嗎？其實台灣有一流農民和一流技術，只是有多少人在乎呢？

農業精品也許不能解決全部的農業問題，但它改變了我們兩個大四女生對於農業的無感與無知。我們並不真的很懂農業，但我們認為它應該被看見，而且被在意。購買、使用台灣農業精品，就是對農業表示支持最簡單的方法。

作品櫥窗

這是展板的底圖，寬4.5公尺，高2.5公尺，用來襯托她們畢展作品。為了避免整體感覺離「農業」太遠，菀芸和卓潔把圖案合成到「泥土」上，這樣遠看依

AGRI-

然很LV，近看就很「農業」了。請注意展板下方用來取代LOUIS VUITTON的標準字AGRI-
PRODUCT，讓LV顯得更加真實。這個底圖的設計，讓她們的展區十分具有整體感。

ODUCT

第八章
隱喻廣告與內文[1]

229

　　這是一個講究「視覺溝通」的時代，許多廣告依賴圖像傳達銷售主張，因為圖像在吸引注意力、溝通訊息、記憶和引發正面觀感上，都比文字容易操作出效果。隨著圖像越來越重要，現在許多的廣告不寫內文。以2007年的坎城廣告獎為例[2]，在所有199則平面廣告作品中，有18.1%完全沒有文字[3]。在77.9%「有圖有文」的廣告中，有85.8%只有標題沒有內文，而這些標題平均只有9個字。這類作品的典型，就像獲得平面類最大獎（Grand Prix）的Tide洗衣精廣告。除了品牌名稱之外，這則廣告只說「美乃滋一點機會都沒有」（圖8-1）。

　　然而，在實證研究上，內文確實具有溝通效益。Chamblee等人（1993）分析362則雜誌廣告的Starch閱讀率分數發現，複雜的文案閱讀率比較高。在Leclerc與Little（1997）的研究中，對於品牌忠誠度不高的使用者，寫上產品資訊的折價券廣告，在品牌態度和折價券的使用意願上，優於訴求於美麗的圖像。在Stafford（1996）研究的旅館廣告裡，寫

圖8-1

2007年獲得坎城廣告獎平面類最大獎（Grand Prix）的Tide洗衣精廣告

（取材自第22屆倫敦國際廣告獎年鑑）

出客觀、具體事實的文案，比主觀的描述更能獲得較好的廣告態度、購買意願和回憶。此外，一些追蹤眼球移動軌跡的研究發現內文與理解廣告息息相關。Pieters與Wedel（2004）發現人們越重視品牌，花在文字上的時間就越多。Rosbergen、Pieters與Wedel（1997）發現涉入度高的受測者，花在內文的時間大約佔去所有閱讀心力的20%。Rayner等人（2001）發現人們在閱讀廣告的時候有個「圖像→標題→內文」的固定模式，內文是解讀廣告的重要依據。

「平均9個字」的廣告有多少溝通效益？沒有內文解釋，廣告只是讓人們透過很特別的方式接收廣告訊息（美乃滋就像那些白軍，沒有一點機會），這樣的廣告有多少說服力？寫上內文，人們相信廣告賣點的程度會不會有所提升？此為本研究的第一個動機。

不寫內文的理由之一，是現代消費者懂得解讀廣告，把話說得太白，反而降低拆解文本的樂趣，帶來反效果（Phillips, 2000）。然而，內文除了說明圖文創意，其實還扮演更積極的角色。以上述Tide廣告為例，內文至少可以提供兩方面的知識：（1）化學成分或特殊配方的「特性內文」，用以支持商品的去污力；（2）用途或效果的「利益內文」，用來告訴消費者購買這種洗衣粉的好處。不同性質的內文，處理不同的疑慮。特性內文在於解決「廣告說的是否屬實」的疑慮，利益內文是針對「我有沒有需要」而來。這兩種內文在溝通上的幫助是否不同？為本研究第二個動機。

此外，內文的價值可能因「賣點」而異。賣點是否可以在購買前驗證，關係著廣告面臨的挑戰。搜尋性的產品特性（search attributes）如外觀造型、成份等可以在購買前驗證，消費者抵制不實廣告的空間比較大，所以這類廣告比較不會受到懷疑。經驗性的特性（experience attributes）如口味、功效，消費者無法在購買前驗證，廣告主吹噓的空間比較大，消費者也比較容易產生懷疑。特性、利益內文對於解決消費者疑慮的幫助，是否因賣點而異？為第三個研究動機。

透過實驗法，本研究操弄「賣點可否在購買前驗證」以及「內文提供何種知識」兩個變數，觀察廣告可信度的改變。為了更明確掌握可信度，除了以品牌態度為依變項，本文進一步將「說服力」區分為「可能性」和「必要性」，前者代表人們相信廣告所言屬實，後者代表人們相

信賣點確有價值。

　　本文首先探討廣告學領域對於內文的相關研究，在討論內文和賣點分類的理論根據之後，提報一個實驗結果。

相關文獻

一、內文的研究

　　也許是因為多數的消費者不讀內文，廣告學界完全以內文為焦點的實證研究不多。目前對於內文的知識，主要來自從業人員的經驗（Sullivan, 1998；楊梨鶴，1992）或廣告教科書（Moriarty, 1991；周金福、江惠玲，2002；翟治平、樊志育，2002；劉美琪等人，2000；陳尚永等人，2002）。

　　內文的研究可以分成「形式」和「內容」兩類，前者以語句結構、修辭為主，後者以廣告訊息為主。Meeds（2004）的研究屬於「形式」層面。他觀察3C商品的文案使用「技術性語言」（technical language），如何影響人們對於產品的看法。結果顯示，技術性語言的影響因性別、產品知識而異；在「產品是否容易使用」的認知上，技術性語言會影響產品知識不足的人，但不影響那些產品知識豐富的人。Lowrey（1998）研究文案語句結構的複雜性（syntactic complexity），對於廣告溝通效果的影響。她發現，論點強弱對於品牌態度的影響只發生在語句結構簡單的情況下，使用複雜的語句結構時，論點強弱沒有影響。Motes、Hilton與Fielden（1992）研究廣告文字的書寫是否使用第一人稱、生動語彙、主動＼被動語調、以及條列＼區塊式的編排，對於溝通效果的影響。他們發現沒有任何特定的書寫方式能影響所有的效果；第一人稱的效果因主動＼被動而異，條列＼區塊編排的效果因語彙是否生動而異。此外，他們還發現無論文案怎麼寫、怎麼排，都不影響人們對廣告資訊性（informative）的觀感。從這裡可以看出：

1. 實證研究結果的分歧。Motes、Hilton與Fielden（1992）的研究發現內文的書寫風格不會影響人們對於其「資訊性」的看法。換句話說，「怎麼說」不會影響「說什麼」。然而Lowrey（1998）的研究卻顯示，語句結構的簡單與否（怎麼

說）與論點強弱（說什麼）有交互作用存在。

2. 文案「怎麼寫」，有語句結構、語彙生動性、主動＼被動、第一人稱等許多層面的考量，這些創意交互影響。此外，「怎麼寫」又取決於某些外在因素如廣告對象的產品知識、論點本身的說服力。因此，內文似乎難以找到一個「最好的書寫形式」。

　　就現階段作者所蒐集的文獻而言，Chamblee等人（1993）是唯一完全針對內文「內容」而來的研究。他們以「文字--標記比」（Type-To-ken Ratio）測量文案的複雜程度，作法是計算內文的字數（分母）與「不重複出現的文字數」（分子）之間的比率。在字數固定的情況下，出現越多不同的文字，代表內文越複雜。藉由市調公司所提供的雜誌廣告閱讀率資料，他們發現越是複雜的內文，閱讀率越高。這顯示在某些情況下，內文的確能夠影響溝通效果。

　　此外，有許多時候，內文被學者當作操弄調節變項（moderating variable）的工具，這類的研究結果雖然也可以用來瞭解內文的效果，但這麼做缺乏理論根據和系統性。例如，Brinol、Petty與Tormala（2004）在研究中利用內文操作論點強度，觀察人們在觀看廣告時對自己想法的信心（thought confidence）如何影響品牌態度。他們發現「想法信心」對態度的影響只發生在「認知需求」（need for cognition）高的人身上。在這個情況下，想法信心高的人對品牌的看法，會因論點強弱而有顯著的差異，想法信心低的人則不會（圖8-2）。雖然，同樣的結果也可以解讀為：在強論點的情況下，想法信心對於品牌態度的影響，不同於在弱論點的情況下（本研究將圖8-2資料重新繪製成圖8-3）。然而，這個研究的理論根據是「後設認知」（metacognition），也就是「對自己想法的想法」（thoughts about thoughts），不適合用來解釋論點強弱的影響，以這種方式推測內文的效果，其實沒有太大意義。

二、三種內文

　　一則廣告的價值可以分成「娛樂」和「溝通」兩個面向（Ducoffe, 1995）。大抵來說，娛樂與廣告「創意」有關，溝通與「訊息」有關。以上述Tide洗衣精為例，娛樂指的是廣告的圖文創意，包括透過適當的

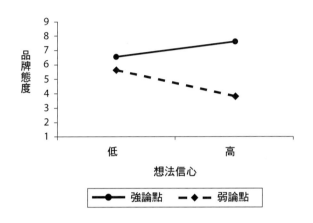

圖8-2　Brinol、Petty與Tormala（2004）的研究發現
想法信心高的人對品牌的看法，會因論點強弱而有顯著的差異

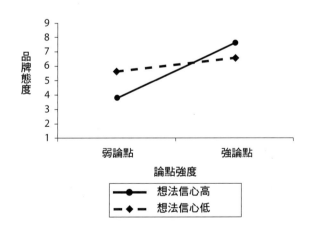

圖8-3 從論點強弱的角度，
將Brinol、Petty與Tormala（2004）的研究結果重新繪製

取景和影像處理，巧妙的讓灰色的人群遠看像衣物、白色人群像美乃滋；以及透過兩軍人數的懸殊，用白軍終將被消滅，暗喻美乃滋會被清洗乾淨。而溝通，則是Tide洗衣精可以有效的清洗髒污。同樣的，內文價值，也可以從這兩個面向觀察和分類。

娛樂價值導向的內文，主要用來幫助讀者理解圖文創意，例如Tide洗衣精寫上「白軍寡不敵眾，被消滅是遲早的事」之類的文案。這些文字沒有提供新的事證或知識支持洗衣精的去污力，只是進一步詮釋圖文的概念。這類內文通常在「論述」的層面上下功夫，藉由修辭產生特殊的閱讀經驗，強化廣告的衝擊力。舉例來說，一則中興百貨的廣告標題寫著「衣服是這個時代最後的美好環境」，內文寫道：

> 　　他覺得這個城市比想像中還要粗暴，她覺得摔飛機的機率遠大於買到一雙令人後悔的高跟鞋，他覺得人生脆弱得不及一枚A型流行感冒病毒，她覺得愛人比不上一張床來得忠實……不安的人們居住在各自的衣服裡尋求僅存的保護和慰藉，畢竟在世紀末惡劣的廢墟裡，衣服是這個時代最後的美好環境。

對於消費者來說，「衣服是這個時代最後的美好環境」是個抽象的概念，內文將這個概念與「城市的粗暴」、「摔飛機的機率」、「A型流感病毒」等具體的生活經驗相提並論，然後把結論引導到「世紀末惡劣的廢墟」，以支持「這個時代的美好環境只剩下衣服」的主張。在這裡沒有具體的資料和事實證明環境的美好（或惡劣），只有「論述的技巧」。

這類文案似乎有越來越少的趨勢，可能的原因有：

1. 如同前言所述，現代廣告依賴視覺溝通。以中興百貨廣告為例，現代廣告會將「生活環境」透過適當的事物轉換，在視覺上與衣服進行結合或比較。McQuarrie與Mick（2003）發現，以圖像傳遞的修辭格，比起文字來得有更好的廣告態度，顯示人們喜歡透過圖像接收廣告訊息。

2. 消費者處理廣告的能力提升。Phillips與McQuarrie（2002）抽樣45年的廣告分析修辭格的使用趨勢，他們發現複雜的修辭格越來越常見，而且沒有相關的內文解釋，因為廣告主相信消費者

具有拆解廣告的能力。吳岳剛、呂庭儀（2007）抽樣35年的隱喻廣告發現，過去的隱喻常以「圖像＋文字」的形式表現，現在的隱喻多數是「全圖像」的。這些研究顯示，身處於媒體、廣告數量暴增的年代，消費者解讀商業訊息的能力也在演化。

3. 在這樣的時代背景下，把廣告寫得太白反而減低「文本的樂趣」。Phillips（2000）曾經進行一個實驗，她用三種淺顯程度不同的標題搭配同樣的圖像，發現寫得露骨的標題儘管有助於理解廣告訊息，卻降低了人們喜愛廣告的程度。

因此，本研究將焦點放在「溝通價值」的層面。這類內文不再解釋圖文創意，而是提出新的事證或知識補充或支持廣告主張。在這方面，「期望價值」模式（Expectancy-Value Model；請參考Eagly與Chaiken，1993）提供一個思考和分類內文的方向。此模式主張，人們對於說服性訊息的反應可以分成「相信」和「價值」兩個部分，而該訊息的說服效果（態度A），取決於「所有相信（b）和價值（e）乘積的總和」：

$$A = \Sigma b_i e_j$$

以Tide洗衣精來說，「相信」指的是人們對於「洗衣精能夠洗淨髒污」的接受程度，「價值」是去污力對消費者的重要性；將兩者相乘，就是人們對於廣告賣點的態度（說服力）。因此，想要提升一則廣告的溝通效果，可以在賣點「所言屬實」上下功夫，也可以強調其「重要性」，或者兩者兼具。以此思考Tide廣告，內文可以在「相信」層面上寫出客觀、具體的產品特性如成分與配方；也可以針對「價值」層面寫出賣點的利益如去污力的價值和好處。本文將前者稱為「特性內文」，後者稱為「利益內文」。

然而，兩種內文的重要性如何？似乎受到一些外在因素的影響。首先，涉入度影響人們理解和評估內文的動機和能力。其次，熟悉產品的消費者，可能比不熟悉的消費者，更能評估廣告賣點。最後，賣點「本身」可能影響人們對於廣告的懷疑，因此需要不同類型的內文支持。本研究將前兩者列入「共變數」測量，在統計運算時予以控制，並且操作

賣點類型為自變數。

三、賣點可驗證性

　　廣告在溝通上面臨許多挑戰，影響廣告設計的方向。例如，低涉入＼理性的日常用品，消費者時常處於「不關心」的處理情境，可能需要訴諸於幽默的手法吸引注意力。同樣的，產品特性是否可以在購買前驗證，也影響著廣告面臨的挑戰。

　　根據資訊經濟理論（Economics of Information; Nelson, 1970; 1974），搜尋性賣點（search attributes）如外觀造型、成份，消費者可以在購買前比較清楚，廣告若是誇大不實，人們當場就能識破，所以這類商品的廣告比較沒有吹噓的空間，消費者也比較不會懷疑。經驗性賣點（experience attributes）如口味、功效，消費者無法在購買前辨明真偽，廣告主吹噓的空間比較大，消費者比較容易產生懷疑。研究發現人們的確比較不相信廣告中的經驗性賣點（Ford, Smith & Swasy, 1990）；在廣告中溝通搜尋性賣點的效果比經驗性賣點來得好（Wright & Lynch, 1995）；搜尋性產品廣告的訊息量跟閱讀率成正比，而經驗性產品則呈現負相關（Franke, Huhmann & Mothersbaugh, 2004）；在溝通經驗性賣點時人們比較缺乏信心，所以廣告主可信度扮演比較重要的角色（Jain & Posavac, 2001）；只有在溝通經驗性特性時，是否使用比較性廣告才會有明顯的差異（Jain, Buchanan & Maheswaran, 2000）。

　　從「消費者懷疑」的角度思考內文的價值。搜尋性賣點比較不會受到質疑，內文無須「補充說明」，寫上內文反而讓廣告淺顯露骨，減少解讀的樂趣。相對的，當人們對廣告產生懷疑時，提供適當的資訊對溝通有幫助。

　　然而，當人們對廣告產生懷疑時（經驗性賣點），特性、利益內文何者重要呢？可能需要考慮整合行銷傳播時代下平面廣告的質變。在過去「電視只有三台」的時代，廣告是傳遞商品訊息的重要管道，內文需要把賣點解釋清楚。但是隨著媒體越來越多元，商品資訊很容易取得（如網路），平面廣告傳遞「產品資訊」的角色似乎漸漸被取代。這意味著：（1）產品特性容易透過其他管道取得，特性內文的重要性式微，（2）利益內文說明賣點的「重要性」，這類訊息與「個人需求」有

關，不受媒體多元化影響，對溝通效果可能比較有幫助。

四、內文與溝通效果

對於所謂的「溝通效果」，在廣告學門中有不同的評估方法。首先，品牌態度代表消費者對於一個品牌的整體觀感，取決於許多「廣告之外」的因素，如產品本身的設計、賣點、價位⋯等等，未必跟廣告如何溝通訊息有關。以球鞋為例，人們也許對廣告中主打的那雙鞋有特殊的看法（「我不喜歡這雙鞋的造型」），也許賣點不符合消費者的需求（「抓地力適合賣給那些從事激烈運動的人，我平時不喜歡運動」），並且以此評斷這雙鞋「有用／沒有用、好／不好、喜歡／不喜歡」（此為廣告學界常用來評量品牌態度的題組）。在這樣的情況下，即便內文寫得詳盡，也不影響一個人對品牌的觀感。換句話說，品牌態度牽連的層面較廣，比較不會受到內文影響。

假設一：無論廣告銷售搜尋性、經驗性賣點，內文對於品牌態度沒有顯著的影響。

其次，前文提到「態度」可以拆解成「相信」和「價值」，本文除了以此分類內文，也懷疑內文在這兩個層面的溝通效果上可能不同。由於「相信」事關「可能性」，廣告只要提出適當的事證，就能取得信任。以球鞋「抓地力」為例，只要提出具體理由，如某品牌球鞋「採用特殊的『造型突粒』，前掌和後跟的突粒朝向相反方向：前掌的突粒朝後、後跟突粒朝前」便能讓人相信球鞋「任何時候都能緊緊抓住地面」的主張。相對的，賣點的價值事關「必要性」，與個人「內在需求」有關，不容易受到廣告的影響。例如，對於沒有運動習慣的消費者來說，「抓地力」可能不是選擇球鞋的標準，人們不容易因為廣告說什麼而改變對於球鞋抓地力價值的看法。因此上述內文效果因賣點而異的現象，應該只會發生在「可能性」的層面。

前文提過，由於搜尋性賣點比較不會受到質疑，內文無須再「補充說明」，所以本文推論內文對賣點的可能性、必要性都沒有影響：

假設二：當廣告銷售搜尋性賣點時，寫內文對於賣點的「可能性」和「必要性」都沒有幫助。

相對的，經驗性賣點給人比較高的不確定性，所以需要寫內文引導人們思考賣點的價值。此時，提出適當事證能夠證明「可能性」，但「必要性」事關個人需求，比較不受內文影響：

假設三：當廣告銷售經驗性賣點時，寫內文有助於提升賣點的「可能性」，無助於提升廣告賣點的「必要性」。

最後，由於特性內文寫的是比較中性、客觀的事實，應該比利益內文著墨於賣點與消費者的關聯性，更能幫助人們相信賣點的可能性。舉例來說，告訴人們球鞋有特殊的防滑設計，應該比告訴他們抓地力的用途，更能讓人相信「超強抓地力」的真實性：

假設四：當廣告銷售經驗性賣點時，特性內文對於賣點「可能性」的提升，優於利益內文。

研究方法

一、實驗設計

本研究以實驗法驗證上述假設，採3x2組間設計。其中，內文變項有特性內文、利益內文、無內文三種變化，賣點變項有搜尋性、經驗性兩種。

實驗刺激物是一則球鞋廣告，取材自國外的廣告年鑑，以免受測者先前曾經接觸過。選擇這則廣告一方面是因為受測者大都有球鞋使用經驗，一方面因為真實廣告有助於提升外在效度。此廣告的原意是以章魚比喻球鞋的「迷幻色彩」，然而球鞋還有許多特性如抓地力、舒適、彈性…等，很適合搜尋、經驗性賣點的操作。吳岳剛（2007）曾在的研究中使用這則廣告操弄隱喻和賣點的可驗證性，為了讓實驗結果得以跨研究比對，本研究採用其隱喻版本，進一步進行內文的操弄。

實驗廣告是參考國外廣告重新製作。由於先前的品牌經驗可能影響實驗結果，產品以FunSport為名，在網路上搜尋，國內並無使用這個名稱的相關產品。此外，為避免受測者認出球鞋或者受其造型的影響，以一雙相對來說比較沒有特色的球鞋替換廣告中的產品。

二、賣點可驗證性的操弄

當時操弄賣點可驗證性的作法是參考Ford、Smith與Swasy（1990）
，以「最早何時可以得知真偽」區分賣點的可驗證性，並且分成購買
前、購買後、只有專家知道、沒有人知道等四種層次。球鞋的賣點是透
過網路搜尋，然後條列製成問卷。透過前測，選擇最多人認定為「購買
前」可驗證的為搜尋性賣點、「購買後」為經驗性賣點。最後選定的搜
尋性賣點是「隨環境變色」，經驗性賣點為「超強抓地力」。詳細的前
測過程和數據請見第六章。

三、內文的操弄

說明球鞋色彩的特性內文是透過網路搜尋取得。由於「隨環境變
色」是一種物理特性，比較沒有操弄是否得宜的問題，因此直接將物理
特性寫成內文：

240

> FunSport球鞋利用最新的纖維材料，將顯色原料封入細微
> 膠囊，塗佈於織物表面，可以吸收陽光或紫外光線之能量而產
> 生顏色變化，當失去光源照射時，數秒內就會回復原來顏色。

同樣的，抓地力的物理機制亦是透過網路搜尋取得：

> FunSport球鞋的鞋底採用特殊的「造型突粒」，前掌和後
> 跟的突粒朝向相反方向：前掌的突粒朝後、後跟突粒朝前，而
> 且前掌中心的突粒距離較寬，任何時候都能緊緊抓住地面。

利益內文是透過前測，針對球鞋的「隨環境變色」和「超強抓地
力」，以開放式問題詢問「對你來說，這個賣點有什麼用處？」請受測
者條列。共有30位選修作者課程的學生參與，他們先看到一雙球鞋，有
一半的受測者先回答「隨環境變色」再回答「超強抓地力」，另一半相
反。他們的答案由作者歸納成5-6個類目，再由一位不知道研究目的的
廣告所研究生進行判讀，得到各類目的出現頻率如表8-1。

將最常被提及的兩項用途合併,「隨環境變色」產生以下內文:

FunSport球鞋隨著光線強弱和角度變換顏色,讓您付一雙
鞋的價錢,享受兩雙鞋的價值,不但划算,而且新鮮不會膩。
此外,酷炫、搶眼的顏色會製造話題,讓您成為目光的焦點。

「超強抓地力」的內文如下:

FunSport球鞋任何時候都能緊緊捉住地面,避免打滑,讓
您放心從事各種活動。此外,在運動場上衝鋒陷陣時,除了速
度更快,您可以更專注於對手的一舉一動,即時反應,掌握優
勢。

經過上述的操弄,所有的實驗廣告在圖像、編排設計上都維持一
致,改變的只有標題和內文。搜尋性賣點版本的實驗廣告請見圖8-4～
圖8-6。

表8-1　受測者條列的賣點用處百分比

隨環境變色	百分比	超強抓地力	百分比
酷炫、搶眼、製造話題、炫耀	76.7	安全:不會滑倒、穩、不會出醜	46.7
一雙抵兩雙、划算、新鮮不會膩	33.3	衝鋒陷陣:專心打球不會分心、速度更快、掌握優勢	30
可測量紫外線、知道該不該塗防曬油	10	下雨天、濕地不會滑倒	30
展現自我風格、品味、新潮	10	適合登山、崎嶇山路、各種地形	13
其他	3.3	展現專業	3.3
		其他	6.7

圖8-4 實驗廣告：搜尋性賣點+無內文

圖8-5 實驗廣告：搜尋性賣點+利益內文

圖8-6 實驗廣告：搜尋性賣點+特性內文

四、依變項的測量

　　對於賣點的「可能性」，詢問「您是否相信FunSport能『隨環境變色』？」（搜尋性賣點問「超強抓地力」），以九等級語意差異量表測量，題組是「相信＼不相信」、「是真的＼不是真的」。對於賣點的「必要性」，詢問「購買球鞋時，對於『隨環境變色』這個賣點，您認為？」（搜尋性賣點問「超強抓地力」），以九等級語意差異量表測量，端點是「重要＼不重要」、「有需要＼沒有需要」。品牌態度的題組是「有用／沒有用」、「好／不好」、「喜歡／不喜歡」。

　　共變數「涉入度」詢問「球鞋這項產品與您的關聯性如何？」以及「購買球鞋對您來說？」，以九等級語意差異量表測量，題組分別是「與我有關＼與我無關」、「重要＼不重要」。另一共變數「使用經驗」，「對於球鞋這項產品，您的使用經驗如何？」，同樣以九等級語意差異量表測量，題組是「很有經驗＼沒有經驗」、「知道很多＼知道很少」。

　　此外，為了避免受測者沒看懂廣告，詢問「請問廣告中出現的『章魚』有何含意？」，為一開放式問題。最後，受測者填寫基本資料。

五、實驗流程

　　受測者是透過修習作者課程的學生輾轉招募，每位學生至少需招募4位「非廣告系」、大學部學生參與測試，以換得5%學期成績。

　　參與實驗的大學生共有252位，他們按照約定的時間抵達教室。坐定之後，他們被告知「這是與國內一家知名廣告公司合作所進行的研究案，目的是瞭解消費者的購買習慣，以及對廣告的觀感。請您以『消費者』的身份提出自己的看法，不是評估其他人會怎麼想」。他們隨即翻開問卷開始作答，時間不限。完成整個實驗約花去10分鐘，結束後他們獲得100元的酬金。

研究結果

　　由於本研究使用一則隱喻廣告作為實驗刺激物，問卷中有一個題目詢問章魚的含意，以確定受測者正確瞭解廣告。對於這個開放性的

問題，由作者與另一位不知道研究目的的廣告所研究生分頭評估[4]，兩人的一致性為96%，意見不同的地方經由討論取得共識。在252受測者中，有32位沒有正確意會章魚的含意，他們的問卷不列入後續分析，因此最終進行統計運算的資料有220筆。

在這220位受測者中，女性佔71.4%。社會學院學生佔總人數29.5，商學院27.7，傳播學院18.6，其餘外語學院、文學院、理學院、法學院、國際學院、教育學院分別佔8.6、5.9、4.1、2.7、2.3、0.5。此外，大一至大四的學生百分比分別是9.5、23.2、33.2、33.6。

一、品牌態度

測量品牌態度的三道題目信度為0.85，達可信水準，故合併計算。此外，共變數「涉入度」與「使用經驗」題組的信度分別為0.87和0.93，所以也合併計算。假設一推測無論廣告銷售搜尋性、經驗性賣點，內文對於品牌態度沒有顯著的影響。將內文與賣點設定為自變數、涉入度和使用經驗為共變數進行分析，結果顯示涉入度（$F_{(1, 212)} = 1.15, p > 0.2$）和使用經驗（$F_{(1, 212)} = 1.53, p > 0.2$）都未到達顯著水準，代表這兩個變數並未嚴重干擾實驗結果。在兩個自變數上，交互作用未達顯著水準（$F_{(2, 212)} = 1.27, p > 0.2$），代表內文對於品牌態度的影響，沒有因賣點類型而有所差異。在主要效果上，內文變項未達顯著水準（$F_{(2, 212)} = 0.4, p > 0.6$），代表三種內文對於品牌態度的影響沒有差異，假設一獲得支持。

二、溝通效果

假設二預期當廣告銷售搜尋性賣點時，寫內文對於賣點的「可能性」和「必要性」都沒有幫助。在進一步運算之前，先計算可能性和必要性題組的信度，分別得到0.96、0.87，因此合併計算。

鎖定搜尋性賣點，在可能性上，無內文的平均值是6.1、有內文的平均值是4.54，獨立樣本t檢定顯示兩者有明顯差異（$t_{(132)} = 3.63, p < 0.001$）。在必要性上，無內文的平均值是3.18、有內文的平均值是3.59，兩者沒有顯著差異（$t_{(132)} = 0.96, p > 0.3$），假設二獲得支持。值得注意的是，假設二預期內文對於搜尋性賣點沒有幫助，儘管在「可能

性」上，有、無內文差異明顯，但方向並不違背假設二的推論（因為無內文的「可能性」分數大於有內文的「可能性」分數）。

　　假設三預期，當廣告銷售經驗性賣點時，寫內文有助於提升賣點的「可能性」，無助於提升廣告賣點的「必要性」。鎖定經驗性賣點所得數據，發現在可能性上，無內文的平均值是4.85、有內文的平均值是6.00，兩者差異未達顯著水準（$t(116) = 1.26, p > 0.2$）；在必要性上，無內文的平均值是6.09、有內文的平均值是5.86，差異亦未達顯著水準（$t(116) = 0.60, p > 0.5$）。假設三獲得部分的支持。

　　令人關切的是，驗證假設二、三的過程中發現，在「可能性」上，銷售搜尋性賣點時，無內文的效果比有內文的來得好，銷售經驗性賣點時則相反。為了更進一步暸解這個潛在的現象，將上述的數值以共變數分析進行檢定，結果發現涉入度（$p > 0.5$）、使用經驗（$p > 0.6$）皆不顯著，但是內文與賣點確有明顯的交互作用存在（$F(1, 214) = 4.90, p < 0.05$），顯示在賣點的「可能性」上，內文的效果確實因賣點類型而有所不同；在搜尋性賣點時，無內文的效果優於有內文，在經驗性賣點時，有內文的效果優於無內文（圖8-7）。

　　假設四預期當廣告銷售經驗性賣點時，特性內文對於賣點「可能性」的提升，優於利益內文。觀察實驗數據，利益內文的可能性值是6.58，特性內文是5.49，差異沒有到達顯著水準（$t(79) = 0.90, p > 0.3$），並未支持假設四，而且方向相反（也就是利益內文的「可能性」分數，大於特性內文的「可能性」分數）。有鑑於前述內文與賣點之間存有交互作用，在此亦以共變數分析檢驗兩種內文與兩種賣點之間的關係。結果發現，共變數涉入度（$p > 0.3$）、使用經驗（$p > 0.2$）未達顯著水準，但是內文與賣點之間有明顯的交互作用存在（$F(1, 165) = 4.64, p < 0.05$），顯示特性、利益內文的影響因賣點類型而不同的趨勢明顯。觀察圖8-8發現，交互作用主要來自利益內文在不同賣點情況下對於可能性有截然不同的影響，特性內文則否。

　　最後，為了避免專注於檢驗假設而疏於完整的掌握變數之間的關聯性，本文將整個實驗結果以共變數分析進行檢驗。結果顯示在「必要性」上，賣點可驗證性有顯著的主要效果（$F(1, 212) = 64.91, p < 0.001$），其餘兩個共變數、內文的主要效果以及交互作用皆未達顯著水準，顯

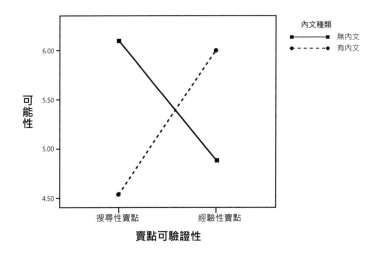

圖8-7 內文與賣點可驗證性之間的交互作用

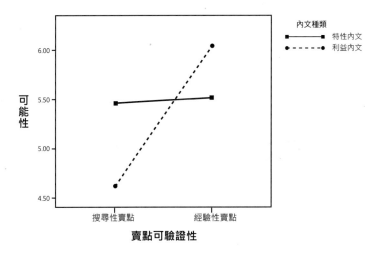

圖8-8 特性、利益內文與賣點可驗證性之間的交互作用

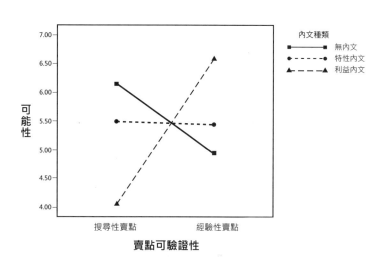

圖8-9　三種內文與賣點可驗證性之間的交互作用

示受測者對於賣點必要性的看法，主要取決於賣點「本身」，不受內文的影響。在「可能性」上，兩個共變數及兩個主要效果未達顯著水準，但有明顯交互作用（$F (2, 212) = 4.71$, $p < 0.05$），顯示內文對於賣點可能性的影響因賣點類型而異。從圖8-9可以看出，在搜尋性賣點的情況下，不寫內文的效果比較好、寫上利益內文比較不好，兩者之間的差異達顯著水準（$M_{無內文} = 6.16$, $M_{利益內文} = 4.09$, $t (67) = 3.69$, $p < 0.001$）；在經驗性賣點的情況下則完全相反，但差異並不顯著（$M_{無內文} = 4.92$, $M_{利益內文} = 6.85$, $t (72) = 1.27$, $p > 0.2$）。其中，唯有特性內文的效果沒有因賣點而改變。

研究結果討論

從驗證假設的角度看上述的實驗結果，本研究似乎只找到「沒有效果」的證據。假設一獲得支持，無論賣點為何，內文都對品牌態度沒有影響。假設二、三的結果顯示，無論廣告銷售搜尋、經驗性賣點，寫內文似乎對廣告賣點的「可能性」和「必要性」都沒有幫助。最後，當廣告銷售經驗性賣點時，特性內文對於廣告賣點「可能性」的提升，不但沒有優於利益內文，而且差異的方向與預期中的相反。

然而，當我們把觀察的層次拉高，從組與組之間的比較，轉而從交互作用的層面看整體的關聯性，會發現：

1. 有、無內文的確因賣點可驗證性而有不同的效果，而且交互作用到達顯著水準。也就是說在「可能性」分數上，當廣告銷售經驗性賣點時，有內文大於無內文，當廣告銷售搜尋性賣點時，無內文大於有內文。

2. 利益內文對「可能性」的影響，因搜尋、經驗性賣點而截然不同，特性內文則否。此一交互作用亦達顯著水準。

由於發現（2）是比較出人意料的結果，所以下列的討論聚焦在利益內文的效果上。首先，前文推論在這個商品資訊容易取得的時代，特性內文的重要性式微，因此無論賣點是什麼，人們都不會很在意商品的成分、構造；這，可能是特性內文的效果不因賣點可驗證性而改變的原因。其次，內文除了「說明」之外，似乎還具有「引導思考」的效果。

當內文寫出產品的用途（而非成分、構造）時，似乎會引導人們進一步去評估賣點與個人需求的關聯性。實驗中，在搜尋性賣點的情況下，這形同引導受測者從「一雙鞋的價錢、兩雙鞋的價值」以及「製造話題、目光焦點」的角度評估「隨環境變色」。所以，當他們被問及「您是否相信FunSport球鞋能『隨環境變色』」（賣點「可能性」）時，較低的數值很可能不代表人們懷疑隨環境變色「本身」，而是可以製造話題、一雙抵兩雙「那種」隨環境變色的可能性。這也許可以解釋為何在搜尋性賣點的情況下，不寫內文反而「可能性」較高；因為不寫內文，人們是單純的評估球鞋隨環境變色的可能性，寫上內文，人們是評估「『隨環境變色』可以製造話題、一雙抵兩雙」的可能性（並且懷疑這個主張）。同樣的，在經驗性賣點的情況下，利益內文也會引導人們從「在運動場上衝鋒陷陣…即時反應，掌握優勢」的角度去思考和評估「抓地力」。此時，較高的可能性數值很可能代表人們相信「球鞋真的具有讓人衝鋒陷陣的『那種』抓地力」。這，比起單純的評估抓地力，似乎因為更符合真實使用情境，而在可能性上有所提升。

上述的討論點出本研究的一個盲點；內文不完全扮演「補充說明」的角色，還有可能「引導思考」，甚至「銷售」。因此在測量「可能性」時，人們的反應不是單純的「相信賣點」而已，而是評估廣告所言的「整體」可能性。這似乎代表著（1）利益內文所提出的好處和用途也是賣點的一部份，人們在評估廣告訊息真偽的時候，不會把廣告圖文所提出的賣點和內文提出的利益分開，（2）利益內文的效果，不適合完全以解決（搜尋、經驗性賣點的）疑慮的角度來思考。

結論

整體來說，本研究獲得的具體結果是：（1）內文對品牌態度沒有影響，（2）內文不會影響人們對賣點「必要性」的看法，（3）內文對賣點「可能性」的影響因賣點可驗證性而異；在搜尋性賣點的情況下，無內文的效果優於有內文，在經驗性賣點的情況下，有內文的效果優於無內文，（4）利益內文因賣點類型而有不同的效果，特性內文則否。

然而，由於研究中利益內文可能夾雜了賣點，在解讀第三、四個研

究發現時必須有所保留。目前較能肯定的是，利益內文不影響賣點「必要性」。至於利益內文對於「可能性」的影響，似乎不是相信或不相信賣點「本身」的真實性而已，還跟「利益的可能性」有關。

此外，實驗中的廣告是參考國外廣告重新製作。在圖像設計、球鞋造型、廣告編排上，都與現實生活有一段落差。這些因素雖不影響內在效度，卻可能對外在效度有影響。舉例來說，如果球鞋的造型時尚、優美一些，可能讓人們在決定自己有沒有需要時，不會那麼講究抓地力的價值。這是在概化研究結果時，需要列入考慮的地方。

註釋

1. 本文改寫自吳岳剛（2008）。

2. 此處數據來自作者簡單、非正式的內容分析，由一位不知道研究目的之廣告所研究生進行判讀。主要類目如下：

圖文類型：　　☐ 全圖像（除了品牌名稱之外沒有文字）

　　　　　　　☐ 全文字（除了產品之外沒有圖像）

　　　　　　　☐有圖有文

　　　　　　　↓

文字類型：　　☐ 標題，字數：_____

　　　　　　　☐ 副標題，字數：_____

　　　　　　　☐ 標語，字數：_____

　　　　　　　☐ 內文，字數：_____

3. 此處所謂「文字」不包含品牌名稱。

4. 這位研究生不是前測幫忙判讀的那位。

參考書目

周金福、江蕙玲（2002）。《現代廣告學》。台北：六合。（原書 Arens, W. F. [1999]. *Contemporary Advertising*. NY: McGraw-Hill, Inc.）

吳岳剛（2008）。〈廣告內文、產品特性的可驗證性、與溝通效果〉，《商業設計學報》，第12期：出版中。

吳岳剛（2007）。〈隱喻、產品特性的可驗證性、與說服〉，《商業設計學報》，第11期：1-17。

吳岳剛、呂庭儀（2007）。〈譬喻平面廣告中譬喻類型與表現形式的轉變：1974-2003〉，《廣告學研究》，28：29-58.

陳尚永、洪雅慧、蕭富峰（2002）。《廣告學》。台北：華泰。（原書 William, D. W., Burnett, J. & Moriarty, S. [1999]. *Advertising: Principles and Practices*. NJ: Prentice-Hall, Inc.）

翟治平、樊志育（2002）。《廣告設計學》。台北：揚智。

楊梨鶴（1993）。《文案自動販賣機：第一本本土廣告文案寫作指南》。台北：商周文化。

劉美琪、許安琪、漆梅君、于心如（2000）。《現代廣告：概念與操作》。台北：學富文化。

Brinol, P., Petty, R. E. & Tormala, Z. L. (2004). Self-validation of cognitive response to advertisements. *Journal of Consumer Research, 30* (4), 559-573.

Chamblee, R., Gilmore, R., Thomas, G. & Gary, Soldow. (1993). When copy complexity can help ad readership. *Journal of Advertising Research, 33* (3), 23-28.

Ducoffe, R. H. (1995). How consumer assess the value of advertising. *Journal of Current Issues and Research in Advertising, 17* (1), 1-18.

Eagly, A. H. & Chaiken, S. (1993). *The Psychology of Attitude*. TX: Harcout Brace Jovanovich, Inc.

Ford, G. T., Smith, D. B. & Swasy, J. L. (1990). Consumer skepticism of advertising claims: Testing hypotheses from economics of information. *Journal of*

Consumer Research, 16 (4), 433-441.

Franke, G. R., Huhmann, B. A. & Mothersbaugh, D. L. (2004). Information content and consumer readership of print ads: A comparison of search and experience products. *Journal of the Academy of Marketing Science, 32* (1), 20-31.

Jain, S. P. & Posavac, S. S. (2001). Prepurchase attribute verifiability, source credibility, and persuasion. *Journal of Consumer Psychology, 11* (3), 169-180.

Jain, S. P., Buchanan, B. & Maheswaran, D. (2000). Comparative versus non-comparative advertising: The moderating impact of prepurchase attribute verifiability. *Journal of Consumer Psychology, 9* (4), 201-211.

Leclerc, F. & Little, J. D. C. (1997). Can advertising copy make FSI coupons more effective? *Journal of Marketing Research, 34* (4), 473-484.

Lowrey, T. M. (1998). The effects of syntactic complexity on advertising persuasiveness. *Journal of Consumer Psychology, 7* (2), 187-206.

Moriarty, S. E. (1991). *Creative Advertising: Theory and Practice.* NJ: Prentice-Hall, Inc.

McQuarrie, E. F. & Mick, D. G. (2003). Visual and verbal rhetorical figures under directed processing versus incidental exposure to advertising. *Journal of Consumer Research, 29* (4), 579-587.

Meeds, R. (2004). Cognitive and attitudinal effects of technical advertising copy: the roles of genders, self-assessed and objective consumer knowledge. *International Journal of Advertising, 23,* 309-355.

Motes, W. H., Hilton, C. B. & Fielden, J. S. (1992). Language, sentence, and structural variations in print advertising. *Journal of Advertising Research, 32* (5), 63-77.

Nelson, P. (1970). Information and Consumer Behavior. Journal of Political *Economy, 78* (March/April), 311-329.

Nelson, P. (1974). Advertising as Information. *Journal of Political Economy, 83* (July/August), 729-754.

Phillips, B. J. (2000). The impact of verbal anchoring on consumer responses to image ads, *Journal of Advertising, 29* (1), 15-24.

Phillips, B. J. & McQuarrie, E. F. (2002). The development, change, and transformation of rhetorical style in magazine advertisements: 1954-1999. *Journal of Advertising, 16* (4), 1-13.

Pierers, R. & Wedel, M. (2004). Attention capture and transfer in advertising: brand, pictorial, and text-size effects. *Journal of marketing, 68* (2), 36-50.

Rayner, K., Rotello, C. M., Stewart, A. J., Keir, J. & Duffy, S. A. (2001). Integrating text and pictorial information: Eye movements when looking at print advertisements. *Journal of Experimental Psychology, 7* (3), 219-226.

Rosbergen, E., Pieters, R. & Wedel, M. (1997). Visual attention to advertising: A segment-level analysis. *Journal of Consumer Research, 24* (4), 305-314.

Stafford, M. R. (1996). Tangibility in service advertising: An investigation of verbal versus visual cues. *Journal of Advertising, 25* (3), 13-28.

Sullivan, L. (1998). *Hey, Whipple, Squeeze This!: A Guide to Creating Great Ads.* NY: John Wiley & Sons.

Wright, A. A. & Lynch, J. G. (1995). Communication effects of advertising versus direct experience when both search and experience attributes are present. *Journal of Consumer Research, 21* (1), 708-718.

作品櫥窗

各就各位，預備，嗶！

別讓快速成為你的恐懼
調整生活節奏，從自己開始

害怕悠遊卡躲在皮包最深處，害怕悠遊卡跟感應系統冷戰，害怕健保卡偽裝成悠遊卡，害怕忘了拿錢餵飽悠遊卡。我不要被如箭的目光射穿我的背

生活革命：悠遊卡篇

作者：邱鈺婷

這則廣告的內文跟中興百貨「衣服是這個時代最後的美好環境」一樣，主要的功能在於闡釋圖文的創意。不同的是，在這裡，「圖像隱喻」已經把廣告主張呈現出來（捷運出口像跑道），內文純粹是「深化」圖文的概念，讓人更有感覺。短短幾句話，我認為道出了許多人「共同的生活經驗和想法」，很有insight：

> 害怕悠遊卡躲在皮包最深處，害怕悠遊卡跟感應系統冷戰，害怕健保卡偽裝成悠遊卡，害怕忘了拿錢餵飽悠遊卡。我不要被如箭的目光射穿我的背。

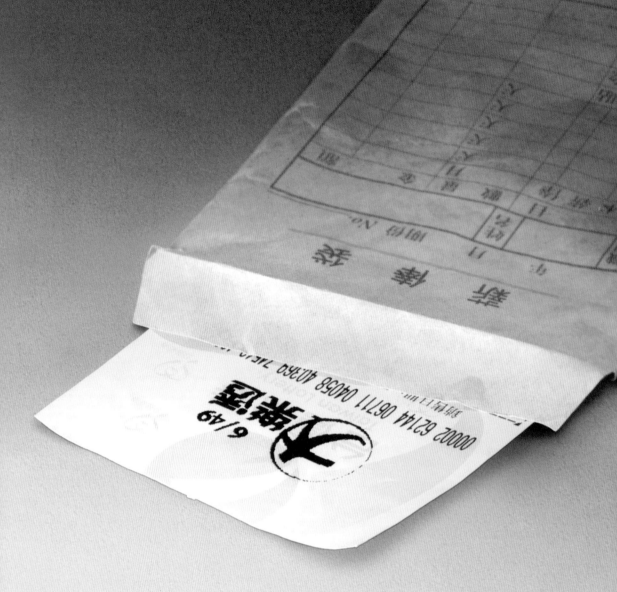

我們一個月三萬
農民呢？

九十六年八月
五個颱風接連而來
蔥價漲 每斤三百
農民沒蔥賣 蔥貴沒人買

同年十一月
進口蔥來了
蔥價跌 每斤十七
農民的蔥長好了 還是沒人買

九十四年初夏 薑不足
每斤五十八元 戶戶搶種
隔年二月 薑豐收
每斤兩元 人見人嫌

台灣農民
辛苦工作 一季又一季
究竟能換得多少酬勞
誰都沒法預測

幸好有農業精品
讓更多農民得以契作的方式耕作
提供固定的價格和買主
農民再也不用靠運氣領薪水

農業不是農民和政府的問題
請和我們一起關心
四月二十五日到二十七日
華山文化園區

主辦單位 **HAPPITUDE**
對 的 態 度 ▶ 真 的 快 樂

國立政治大學廣告系
第十八屆跨媒體創作學程畢業展
http://happitude.nccu.edu.tw

廣告贊助 台糖 **台灣糖業公司**
Taiwan Sugar Corporation

特別感謝
張獻其　李榮熹
洪逸美　蔡雪華
林明春　陳麗芳
謝惠玲

農業精品：大樂透篇

作者：張菀芸、李卓潔

在論述「社會議題」的廣告上，特性內文是議題相關的種種現象，利益內文是那些現象、問題、後果對人們的影響。

這則廣告寫的是特性內文，讓人們對於問題的嚴重性，有更深一層的認識。廣告沒寫利益內文，因為農民的收入與一般人的關聯性很低，相對的不容易從「對我有什麼好＼壞處」的角度去寫。

內文：

九十六年八月
五個颱風接連而來
蔥價漲 每斤三百
農民沒蔥賣 蔥貴沒人買

同年十一月
進口蔥來了
蔥價跌 每斤十七
農民的蔥長好了 還是沒人買

九十四年初夏 薑不足
每斤五十八元 戶戶搶種
隔年二月 薑豐收
每斤兩元 人見人嫌

台灣農民
辛苦工作 一季又一季
究竟能換得多少酬勞
誰都沒法預測

幸好有農業精品
讓更多農民得以契作的方式耕作
提供固定的價格和買主
農民再也不用靠運氣領薪水

農業不是農民和政府的問題
請和我們一起關心
四月二十五日到二十七日
華山文化園區

（這則廣告刊登在1065期的商周雜誌上）

作品櫥窗

公平貿易：壓榨篇

作者：林小雅、鍾珮婷、王亞婕、歐陽君佩
　　　林韋村、王姿婷

這則廣告的目的，是傳達「貿易」的過程有許多「中間商」介入，以致於人們購買商品所支付的錢，生產者只拿到其中很少的一部分，如此形同對他們的壓榨和剝削。廣告的隱喻是「中間商壓榨（種植咖啡的）農民，就像是人們從毛巾裡擰出最後的幾滴水」（或者簡單的說，「壓榨就像擰毛巾」）。

　　儘管廣告中的「圖像隱喻」不難理解，不過對於種植咖啡的農民如何受到貿易的剝削，十分需要內文的幫助，因為「公平貿易」對許多人來說是個陌生的觀念。這則廣告的內文，從真實案例切入去寫，解釋圖文創意；然後接到「特性內文」，說明事情的嚴重性；最後的「利益內文」寫到這一切後果的終究會回到人、環境身上。

在烏干達山區，Bruno種的咖啡每公斤只能賣到5塊錢，消費者手中用八克豆子泡出來的這杯卻要價100。

跨國企業向小農收購大量、低價的咖啡豆，掌握供需資訊，決定物價波動，自導自演期貨市場咖啡豆價格的三級跳。

在印尼蘇門答臘，每秒有4個足球場大的雨林消失。野生動物無家可歸，卡車每天滿載柚木和菠蘿木開進家具製造廠。滿目瘡痍的林地，焚燒後種起棕櫚樹，枝幹流出的金黃汁液，是先進國家的環保生質油。

當貿易完全被利潤主導，我們得付出更多成本，生產者應該得到合理的報酬，環境也必須得到應有的尊重。

公平貿易保障經濟自主，友善對待環境。身為消費者，你有權力，也有能力扭轉現況。請支持公平貿易，給世界一點改變的力量。

（這則廣告刊登在1065期的商周雜誌上）

你了解咖啡嗎？

在烏干達山區，Bruno種的咖啡每公斤只能賣到5塊錢，消費者手中用八克豆子泡出來的這杯卻要價100。

跨國企業向小農收購大量、低價的咖啡豆，掌握供需資訊，決定物價波動，自導自演期貨市場咖啡豆價格的三級跳。

在印尼蘇門答臘，每秒有4個足球場大的雨林消失。野生動物無家可歸，卡車每天滿載柚木和菠蘿木開進家具製造廠。滿目瘡痍的林地，焚燒後種起棕櫚樹，枝幹流出的金黃汁液，是先進國家的環保生質油。

當貿易完全被利潤主導，我們得付出更多成本，生產者應該得到合理的報酬，環境也必須得到應有的尊重。

公平貿易保障經濟自主，友善對待環境。身為消費者，你有權力，也有能力扭轉現況。請支持公平貿易，給世界一點改變的力量。

主辦單位　**HAPPITUDE** 對的態度 ▶ 真的快樂　國立政治大學廣告系　第十八屆跨媒體創作學程畢業展　http://happitude.nccu.edu.tw

廣告贊助　**öko green** *Must Be Fair*

第九章
廣告創意與處理經驗[1]

261

對於隱喻，許多學者從「認知」的角度關注。其中，認知語言學帶領我們了解生活中許多抽象的概念（如愛情）是透過具象的知識（如旅程）構築起來的。認知心理學則聚焦在人們理解隱喻的過程，以及隱喻（類比）在吸收知識或解決問題上扮演的角色。

由於隱喻與認知息息相關，在廣告學門一直是以「溝通」的角度來研究它。這方面的研究大致可以區分成「溝通過程」和「溝通效果」。溝通過程把焦點放在隱喻如何影響人們注意和理解廣告，溝通效果則把重心拓展到態度的形成與轉變。

研究隱喻在溝通上扮演的角度，前提是廣告的目的是溝通和說服。但有沒有可能廣告的目的不是如此？隨著時代從「廣告」走向「整合行銷傳播」（Integrated Marketing Communication; IMC）；隨著消費者從被動的接收商品訊息轉變為主動在網路上交換使用經驗（因此從某個角度看消費者從訊息接收者變成訊息提供者）；廣告的角色的確在改變。廣告，尤其是傳統媒體上的廣告，不見得需要「說服」。它常常只需要引起注意，人們有需要的時候自然懂得上哪兒去取得資訊。

在這樣的時代背景下，至少有一部分的廣告在質變。廣告不再注重態度、觀念的改變，許多廣告（身為一波IMC活動中眾多溝通媒介的一員）開始聚焦在別出心裁的溝通方式，希望爭取到一點點的注意力，然後把溝通的細節交給其他媒體。這，我稱為「處理經驗」導向的廣告。具體的說，處理經驗是消費者在注意、理解、和消化了廣告訊息之後心裡產生的「感受」，這個感受可以來自訊息的「內容」，也可以來自訊息的「形式」。處理經驗可以根據感知訊息的過程區分成感官、認知、和價值等三種。在廣告中經營處理經驗的主要目的不是說服（但仍舊有可能對說服產生幫助，只是機制不同；請見後續章節對於「感覺即資訊」（feeling as information）理論的討論），而是藉由感受留下深刻的印象。

如果我們可以接受現代廣告的角色不全是溝通和說服（當然還是有許多廣告是在溝通和說服），那麼我們就有機會看見一些「傳統溝通手法的現代樣貌」（包含隱喻）。本書在幾個以「溝通」的角度看隱喻的章節之後，再提出處理經驗的角度，就是希望更完整的掌握現代廣告中

的隱喻；在處理經驗的脈絡下，隱喻適合用來經營感官經驗和／或認知經驗。

　　當然，這麼做也是有風險的。首先，在經驗觀點中，隱喻只是眾多操弄處理經驗的手法。讀者也許會關心隱喻在這個章節裡「不見了」，並且認為這樣做對了解隱喻廣告沒有幫助。不過，就像本書第二章從修辭學的角度看隱喻那樣，將修辭格分類雖然無助於釐清特定修辭格（如隱喻與雙關）之間的差異，卻能經過分類與比較，拓展我們對特定修辭格的了解。修辭學藉由區分結構模式與轉義模式，帶我們了解隱喻（身為一種轉義模式修辭格）在偏離語文經驗和多重聯想路徑上的特色。同樣的，從經驗觀點看隱喻，也帶給我們新的角度：（1）分清楚廣告需要操弄哪一種處理經驗，然後評估隱喻適不適合操弄那種處理經驗，（2）分別從感官、認知經驗的角度看隱喻廣告的圖文設計和隱喻是否達到「獨特」（產生特殊感受）的標準。

　　此外，也許有些讀者會認為經驗觀點將經驗、價值與感情這些本質上不同的心理結構混為一談，或者認為廣告經驗與品牌體驗之間難以明確區分。我相信的確有此可能，畢竟經驗、體驗、體驗經濟、體驗行銷都是還在成形中的概念，沒有成熟到發展出一套完整、有學理基礎的架構。不過，突破總是需要勇氣，在這過程中我嘗試謹慎的面對廣告經驗與品牌體驗；本章第一節就從「體驗、經驗、與廣告」開始，希望釐清片段、短期的廣告經驗和整體、長期的品牌經驗之間的關係。而對於經驗、價值與感情的學理基礎，一方面在「體驗行銷」的文獻中原本就著墨不多（但仍有不少作者將情感〔emotion〕視為經驗〔或體驗〕的主要反應〔Crosby & Johnson, 2006; Pullman & Gross, 2004; Liljander & Strandvik, 1997; Morrison & Crane, 2007〕），二方面超出我目前的能力範圍，所以謹在此提醒讀者注意此一議題的存在。

　　對於三種處理經驗，廣告學門中累積了一些研究成果，本文的主要目的之一是在「經驗」架構下把相關的文獻組織起來，作為區分三種處理經驗的學理依據。其次，「廣告經驗」可以對「品牌體驗」產生幫助，廣告學門中也有實證研究。本文第二個目的是藉由這些文獻，探討處理經驗的價值。最後，我分享「廣告系二十周年慶」海報設計的過程，以展現我與學生在經驗觀點之下，如何應用隱喻經營感官經驗和認知經驗。

體驗、經驗、與廣告[2]

在緯來日本台裡，人們認識了食材的飼養過程或捕撈方法之後，對肉質產生特殊的感覺，就是一種體驗的操作。而食物可以因此收取不同的費用，就是體驗的價值。

在Pine與Gilmore（1999╱夏業良、魯煒譯，2003）的體驗概念裡，消費是一個「人們享受一系列『值得記憶』的事件」的過程。他們認為，隨著產品、服務的「商品化」，我們的經濟已經進入以「體驗」進行競爭時代。體驗源自於服務，但不是精緻化的服務。體驗是「期望」導向的服務，有價值的體驗需要超越人們的期望，從「我們做得如何」轉而思考「人們記得什麼」。所以體驗的終極目標不是滿意，而是「驚喜」和「難忘的愉悅記憶」（Pine & Gilmore, 2003: 166）。此外，體驗也是「戲劇」導向的服務，因為規劃有價值的體驗，需要一個明確的主題，並且「以服務為舞台、以商品為道具、使消費者融入其中」。在這過程中，彷彿所有消費者接觸到的人、事、物都共同上演一齣戲。

Schmitt（1999╱王育英、梁曉鶯譯，2000）主張以「體驗行銷」取代傳統行銷，將溝通、識別、產品呈現、空間環境等視為體驗的媒介，目標是（為品牌）提供知覺的、認知的、情感的、行為的、以及關聯的價值，來取代功能的價值。他的概念融合了體驗和整合行銷傳播，將「品牌體驗」視為跨媒體、時空的整體感受。Schmitt將知覺和「感官」一詞交互使用，指的是經營視、聽、嗅、觸、味等感官上的反應，本文以「感官經驗」統稱那些操弄五官刺激以產生特殊感受的創意。Schmitt所謂的「關聯」，指的是訴求於「自我改進（例如，想要與未來的『理想自己』有關）的個人渴望…讓人和一個較廣泛的社會系統（一個次文化、一個國家）產生關聯」（p.92）。由於這類經驗與「價值觀」有關，而且觸動人們價值觀的廣告容易引發共鳴與正面情感，本文將Schmitt的「關聯」和「情感」包含在「價值經驗」之下[3]。

以此觀之，廣告經驗可以直接影響品牌體驗（請見圖9-1中A路徑），也可以影響其他的經驗（如試用），再影響品牌體驗（請見圖9-1中B路徑）。A路徑屬於典型的整合行銷傳播觀點，著眼於廣告與其他片段、局部的品牌相關經驗共同構成連貫、整體的品牌體驗；90年代以後，已經成為廣告行銷領域中主要的管理思維。另一方面，近來

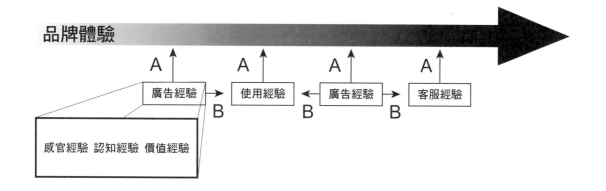

圖9-1 廣告經驗與品牌體驗之間兩種關係

　　有些學者關心廣告經驗如何透過路徑B，影響其他的品牌相關經驗。例如，Deighton與Schindler（1988）在研究中給受測者聽一段廣播廣告，內容是推廣某電台播放「最新的音樂」的訊息，然後測量受測者相信的程度。他們發現，在聽完廣告的當下測量，廣告對於相信程度沒有顯著的影響；然而，在受測者回家聽該電台音樂兩個禮拜後再測量，他們相信程度就有顯著的提升。這代表廣告藉由提供適當的詮釋，影響使用經驗（那些沒有接收到廣告的受測者，即便聽了該電台的音樂，也沒有改變對於「最新音樂」的相信程度）。Kempt與Laczniak（2001）的研究發現，先接觸過廣告的受測者，在後續的試用產品時，對於試用會進行比較深入、仔細、有目的的思考，而且受測者認為試用比較有價值、形成的信念比較強、購買意願也比較高。

　　此外，廣告經驗不只影響後續的經驗，還可能改變人們對「先前」經驗的記憶。在Braun-LaTour、LaTour、Pickrell與Loftus（2004）的研究中，一則以邦尼兔（Bugs Bunny）為主角的廣告，讓受測者在回想過去造訪迪士尼時「記得」曾經與邦尼兔握過手，然而事實上邦尼兔屬於華納集團，不可能出現在迪士尼。Braun-LaTour與LaTour（2005）的研究操作廣告露出的時機（試喝果汁前、後），以及受測者評估產品的時機（馬上評估、隔一段時間評估）。他們發現，受測者若是在看完廣告、

試喝果汁之後立即評估產品，「先看廣告再試喝」所產生的正面思考多於「先試喝再看廣告」。相反的，若是看完廣告、試喝果汁之後隔一段時間（20分鐘）再評估產品，那麼「先試喝再看廣告」所產生的正面思考多於「先看廣告再試喝」。這是因為，在「馬上評估」的情況下，人們是用「再現記憶」（reproductive memory）評估使用經驗，因而先接收廣告再試用產品，廣告能對人們試喝的經驗產生引導的效果（影響他們試喝時該注意些什麼）；在「隔一段時間評估」的情況下，人們是用「再構記憶」（reconstructive memory）評估使用經驗；廣告充當「反向框架」（backward frame），影響受測者如何記得和辨識過去的感官刺激（影響他們回想試喝時想起了什麼）。

這些研究顯示，廣告經驗不只透過多重的管道，直接對品牌體驗產生貢獻，而且透過後續的以及「先前的」經驗，間接影響品牌體驗。以往許多研究把焦點放在人們接收廣告訊息「之後」對「該訊息」的反應，但是從品牌體驗的觀點看，廣告經驗即便沒有立刻留下具體、可測量的效果，仍然可以發揮影響力。因此，處理經驗雖然只是接收訊息的「過程」（有別於訊息「本身」）的產物，但是只要產生的刺激夠強，仍舊可以直接、間接的改變人們對品牌的觀感。某些廣告只操弄處理經驗，沒有傳達具體、有建設性的訊息，可能就是著眼於此。

三種處理經驗

一、感官經驗

根據2004年潤利公司的調查，台灣印象度和偏好度第一名的廣告是台灣人壽動畫主角阿龍唱「希望每天都是星期天，無憂無慮快樂去聊天」（動腦雜誌，2005年2月）。片中幾乎沒有任何有說服力的論點，廣告能留下深刻印象並且讓人喜愛（偏好度），就靠阿龍唱歌跳舞的可愛模樣。這，就是感官經驗的操弄。

感官經驗是五官接收刺激產生的特殊感受。這種反應直接、不需要費力思考，只要夠特別就足以產生「哇效果」。「體驗經濟」相當程度依賴感官經驗，無論主題餐廳、主題樂園、或是度假飯店，都十分重視感官經驗的經營。在這方面，Carbone與Haeckel（1994:10）認為迪士

尼樂園可以說是其中的翹楚，他們十分懂得設計「有意義的感官刺激」。Carbone與Haeckel舉例說：

> 當迪士尼在他們所屬的飯店裡舉辦室內「海灘舞會」記者會時，場景包括海沙、防曬油的氣味、拱廊下的木板步道、音樂、燈光、海浪的聲音、以及其他產生海灘印象的線索。

> 這些對於感官線索設計細節的重視，延伸到迪士尼樂園裡的遊樂設施和整個樂園。例如，當你進入奇幻王國時，你的感官接收到一個多數人未曾意識到的重要線索：街道和建築物向內傾斜以製造一種「好萊塢」的角度，使得Main Street顯得比實際上更長。

在電視廣告裡，操弄感官經驗有表演和執行兩種常見的途徑。表演是歷史悠久的娛樂形式，默劇、雜耍、特技、節慶儀式、甚至高空煙火，都訴求於感官經驗。執行指的是設計、拍攝、特效等製作技術，這些技術不像表演那樣容易被注意，但有些時候卻能主宰廣告帶給人的感受。例如多數人不曾注意平面廣告的「留白」，但留白卻是營造高雅氛圍的一個重要技巧。另一方面，某些執行技術十分創新，帶來的震撼力不亞於精彩的表演（因而成為人們注意力的焦點）。例如獲得2005年坎城廣告電視類銅獎的Citroen C4汽車廣告（圖9-2），片中的汽車從靜止的狀態，突然伸展出頭、手、腳變成一個機器人，然後開始一段精彩的跳舞，讓人目不轉睛[3]。想像這支片子跳舞的是人不是車，就會發現執行（電腦動畫）在片中扮演關鍵的角色。

從這裡可以看出有些時候感官經驗「就是」廣告的目的。這類廣告不是用來說服，而是引起注意和興趣。在媒體數量遞增、注意力成為一種稀有資源的年代（Sacharin, 2001／岳心怡譯，2002；Davenport & Beck, 2001／陳琇玲譯，2002），一支電視廣告可能只是為了讓消費者「注意到」一件事。而且，在整合行銷傳播的思維下，一支電視廣告可能也只需要做到這一件事，把其他的溝通工作交給網站或其他媒體。

除了吸引注意力，感官經驗本身不見得完全沒有說服的價值。McGlone與Tofighbakhsh（2000; 1999）在實驗中操作格言押韻與否，觀察人們認為格言「有道理」的程度。他們將一些押韻的格言

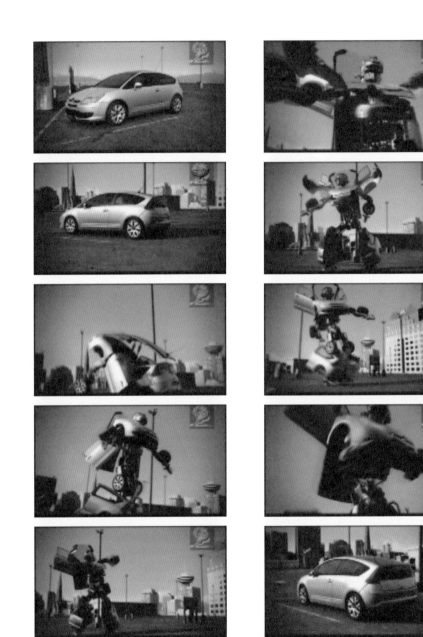

圖9-2　Citroen C4 汽車廣告透過表演和執行操弄感官經驗

（what sobriety conceals, alcohol reveals）換個沒有押韻的同義字（what so-
briety conceals, alcohol unmasks），結果發現接收到有押韻格言的受測
者，比沒有押韻的更傾向於相信格言的真實性。此外，當受測者的注意
力被引導到格言的「意義」上（告訴他們忽略修辭結構），有、沒有押
韻對於格言可信度的影響就消失了。同樣的，有些時候廣告中的感官經
驗可以影響人們對廣告主張的看法。吳岳剛、侯純純（2007）曾經在實
驗中為同樣的隱喻設計不同的表現形式，他們發現兩個比較的事物巧妙
的結合成為一個完整的形體，在說服力上優於單純的左右並置；而結
合、並置的效果，又優於「圖像＋文字」的表現形式。「聲韻」和「結
合」都是一種感官經驗的操作，我們如何解釋聲韻影響人們的判斷？

　　根據「感覺即資訊」（feeling as information）理論（Schwarz & Clore,
1988），「在進行評估性的判斷時，人們會用情感上的反應做為相關資
訊」，在某些情況下「人們自問『我覺得如何？』（how do I feel about
it?），而不是自記憶中提取標的物的特性進行估算」。這個時候，人們
「誤以為既有的感覺就是對於標的物的反應，導致正面的心情下會產生
正面的評估」（Schwarz & Clore, 1988, p. 46-47）。感覺即資訊最重要的
一個現象，是情感狀態或反應對於評估的影響取決於人們如何認定該資
訊的價值。如果將目前的情感狀態歸因於一個與目前所評估的標的物無
關的事物，那麼情感對於判斷的影響就會消失（Schwarz & Clore, 1988;
Schwarz, 1990）。這解釋了在McGlone與Tofighbakhsh（2000; 1999）的實
驗中，將受測者的注意力引導到格言的「意義」上之後，有、沒有押韻
的差異就會消失的現象。

　　總結來說，操弄感官經驗的目標是吸引消費者目光、留下深刻印
象。這類廣告有些時候沒有USP（獨特的銷售主張），甚至缺乏有建
設性的訊息（如Citroen C4廣告），所以不適宜以「說服」的角度去評
估。然而，如同前面所述，廣告經驗不一定要立即留下具體、可測量的
效果，有些時候對於廣告的喜愛會「悄悄的」影響人們對其他品牌相關
經驗的判斷。這些，意味著在整合行銷傳播時代下，感官經驗的價值，
需要以更宏觀的角度去思考。

二、認知經驗

圖9-3是一則獲得2005年坎城廣告平面類金獎的作品,廣告除了品牌名稱之外,沒有任何的文案,完全交給消費者自行「拆解」其中的含意。這個拆解的過程,可能包括:

1. 根據過去接觸廣告的經驗,知道圖像為了銷售產品呈現一種特殊現象。
2. 看到產品,根據鞋油的使用經驗,猜想賣點可能與「光亮」有關。
3. 透過1+2,思考桌底的一張紙,跟光亮的皮鞋有何關係。
4. 根據生活經驗,知道畫面中的桌椅可能是教室。
5. 以學校、教室、學生思考桌底的紙條,意會是小抄。
6. 注意到紙條上的字左右顛倒,意會可能跟反射有關。
7. 意會「主角、透過光亮的鞋子、倒影、作弊」的故事。

認知,指的是人們注意、接受、理解外來訊息,並且納入既有知識系統的過程;認知經驗指的是操弄這過程所產生的特殊感受。現代的廣告很少直接把銷售訊息說出來。經過創意的轉換,廣告如同「圖文密碼」,而消費者接收廣告可以看成是從圖文密碼還原品牌訊息的過程。同樣的賣點可以有不同的角度切入,同樣切入角度,又可以有不同的表現方式。這些環節加起來,讓有的圖文密碼淺顯露骨,有的讓人拍案叫絕,就是一種認知經驗的差異。

在某些情況下,認知經驗所產生的「娛樂感」與「說服」之間有著微妙的關聯性。透過前述「感覺即資訊」的機制,娛樂感可以影響對於廣告、品牌的評價。Phillips(2000)在實驗中操弄標題的明確(露骨)的程度,觀察廣告態度變化,結果顯示直接的標題雖然比間接的標題來得容易瞭解,卻因為降低了拆解廣告的樂趣,而跟廣告態度成負相關。Muehling與Sprott(2004)的研究發現懷舊(nostalgia)的情感有助於提升廣告、品牌態度。他們為柯達軟片製作了一則平面廣告,畫面上呈現六個青少年的合照;一半的受測者看見廣告搭配「捕捉重要時刻」(capture the moment)的標題,另一半看見「再現重要時刻」(re-

（取材自2005年3月的Archive雜誌）

圖9-3　2005年獲得坎城廣告平面類金獎的Nugget鞋油廣告

live the moment）。藉由標題的改變，這個實驗巧妙的維持感官經驗不變，控制受測者在解讀廣告的過程中「想到些什麼」（認知經驗）。結果發現，受測者對於廣告主張的思考在質、量上都沒有不同，代表「再現重要時刻」（懷舊情感）是藉由改變人們接收訊息的過程所「經歷的感受」產生影響，而不是理性的思考。

認知經驗的操弄可以發生在「內容」和（表現）「形式」兩個層面。「桌底小抄」與「俯拍鞋面」都是在表現「鞋子像鏡子」，但因為圖文「佈局」的差異，還原「鞋油讓鞋子光亮如新」時的樂趣不同，屬於形式層面的操弄。這類創意講究賣點「如何被意會到」，必須在「立即看懂」以及「完全看不懂」之間取得平衡點。透過形式操弄認知經驗需要掌握人們處理訊息的習慣。Nugget鞋油在「多數的消費者都知道鞋油在賣什麼」的前提下，巧妙的安排畫面上的元素。決定鞋子、鏡子、和倒影不需要出現，像是在設計謎題的時候，拿掉太過明顯的線索避免讓人一下猜中；決定桌子、小抄必須出現，像是放上適當的線索，以免人們完全猜不中。最後，有說的、沒說的都出現在讀者腦海裡，組合成一個完整的影像，產生一種「意會的快感」，就是認知經驗的產物。聯旭廣告創意總監陳彥初（2004年3月）認為「好創意不只要說得清楚簡單，懂得什麼時候不說，更是一種智慧」。麥肯廣告創意群總監張念一（2006年10月）認為，像這樣「要說的沒說，卻說進心裡」，是一種「高明的創意」。

在內容層面操弄認知經驗，常見的手法包括誇張、隱喻、和特殊觀點。誇張可以有正面、負面之分，前者把創意放在「用我們的產品會如何」，後者放在「沒用我們產品的會怎樣」，Nugget鞋油即屬於正面的誇張。隱喻將兩個原本不相干的事物或概念相提並論，透過熟悉的知識理解陌生的知識，是人們習以為常的思考方式，也在廣告中扮演重要角色。吳岳剛與呂庭儀（2007）抽樣30年三大報廣告發現，隱喻廣告從30年前每翻10則才有一則，逐漸增加到近年翻6則就能找到，代表廣告主越來越重是認知經驗的價值。特殊觀點指的是顛覆人們習以為常的看法，帶來特殊的思考經驗，如SMART汽車用「電影中壞人常躲在後座」來銷售兩人座汽車（2007年坎城廣告電視類銀獎）。

總結來說，無論從「內容」或「形式」層面操弄認知經驗，都是在

不改變廣告「說什麼」的前提下，操作人們接收廣告訊息的過程（「怎麼說」）。操弄認知經驗的直接產物是周俊仲所謂的「娛樂感」（或者說是「理解的快感」）；在某些情況下，認知經驗還能影響人們對於廣告訊息的接受程度。

三、價值經驗

相對於認知經驗操弄「怎麼說」，價值經驗的重點在於「說什麼」。在實驗室裡，Brunel與Nelson（2000）讓男性、女性觀看癌症慈善募款廣告。他們操弄廣告訴求於「對自己有幫助」以及「對他人有幫助」，然後要求受測者挑選他們認為較有說服力的廣告。結果發現，男性認為「對自己有幫助」的廣告比較有說服力，女性則相反。而且，性別的差異是透過世界觀（Worldview）的中介產生（也就是性別對於廣告訴求的差異，是因為世界觀的不同）。在這裡Brunel與Nelson把研究焦點放在世界觀的「價值觀」，價值觀是「世界觀很重要的一部份，有助於我們評估什麼是善什麼是惡…給我們目的、方向的感覺，或者為我們的行為設定目標」（p.16）。Wheeler、Petty與Bizer（2005）操弄一個VCR廣告的論點強度，以及廣告訴求於個人內在（「有了Mannux VCR，你可以擁有戲院的奢華享受而不必擔心人群的問題」），或者外在人際關係（「有了Mannux VCR，你將成為舞會的靈魂，不管舞會是在你家或是外面」）。他們發現，廣告論點強弱只有在廣告訴求與一個人的個性相符時，才會在品牌態度上產生差異，因為受測者投入較多的心力去處理廣告。

許多作者將情感（emotion）視為經驗（或體驗）的主要反應（Crosby & Johnson, 2006; Pullman & Gross, 2004; Liljander & Strandvik, 1997; Morrison & Crane, 2007），在廣告中操弄價值經驗，可以說完全是針對情感而來。價值觀主宰我們過什麼樣的生活、如何分配時間、金錢和精力。價值觀區分了人跟人之間的差異，也解釋了消費行為背後的動機。廣告若能點出潛藏的消費動機、與價值觀對話，很容易產生共鳴，讓人感覺「心有戚戚焉」；這就是操作「價值經驗」的效果。

價值經驗可以分成兩種層次。「共通的生活經驗與想法」屬於較淺層的價值經驗，在廣告中常透過消費者熟悉的角色、語彙或場景來產

生。例如，2006年歲末，保力達B拍攝勞工辛勤工作的畫面，旁白這麼說[4]：

> 　　古早人說，若吃冬至圓就休息等過年。比起來，現在的人反而沒有這款命。過年到，有工作的拼收尾，十二月天，同樣拼得大粒汗小粒汗。沒工作的，目屎怕人看，被風吹到乾。老實說，這一年真正不快活，東西每樣起，工錢反而縮水。晚上回到家電視一開，這邊冤，那邊吵，都說他們說的最有理，好像只要跟著他們走，免做就有得吃。

> 　　別亂了，真的別亂了。我們都知道，和諧才會有力氣，肯打拼，就不怕壞年冬。趁年底，稍歇喘，等春風，再出帆。

　　在這段旁白中，我們處處感受到一群人的生活經驗和想法。他們不滿意台灣的經濟和政治環境，但為了餬口，只能顧好自己的身體，繼續打拼。這支片子的感染力有兩個可能的來源，一是點到「喝保力達B是為了儲備明天力氣」的消費動機，二是升斗小民在無奈中討生活的感觸。由於前者是保力達B系列廣告的主軸，已成了眾所皆知的口號，如果廣告帶來新的衝擊，主要是因為片中所談論的、埋怨的、希望的、相信的，都反映著一種共通的生活經驗和想法。

　　台灣電通資深創意總監周麗君（2007年1月）將這類的共鳴稱為「共振效應」，指的是「當振源與物體的震動頻率一致，就會產生加乘或擴大的效果」。她認為廣告是「一種與大眾情感經驗的分享與交流」，當廣告與消費者內心的某個地方產生一致的頻率，就能夠引起共振，「於是你看了會笑、會感動、有感覺」。透過共通的生活經驗與想法所產生的共鳴，雖然不直接來自消費動機或心理需求，但是人們會感覺「這支廣告說的是我」、「他跟我想的一樣」，也是一種源自價值觀的共鳴。

　　第二種價值經驗是「觸動消費動機」，屬於較深層的心理反應。根據價值鏈理論（means-end model; Reynolds & Olson, 2001），商品特性只是表象，其意義取決於消費者內心的需求。廣告主透過各種調查方法，從人們斟酌產品賣點的過程中，找出深層的動機。以牛仔褲為例，對於一般人是易於搭配服飾的衣物，對某些族群來說，卻是形塑曲線與背

影，掌控男女情愛的工具。這些潛藏的動機，或者稱為insight，異言堂執行創意總監李永喆認為「就是連結動機與商品之間的化學鍵」，是「將需求轉換成行動的關鍵點」（林昆練，2005年8月）。

價值經驗操弄的「說什麼」不是來自產品本身，而是來自消費者生活裡那個既是共通，又是潛藏，而且沒有其他品牌碰觸過的秘密角落。這類創意源自觀察、挖掘、和同理心；在發想時，相當程度取決於創意人是否做足了功課，掌握目標消費群的內心世界。此外，由於價值經驗的效果特別容易受到文化的影響，在國際廣告獎裡比較不常見。

在創作中應用處理經驗觀點

本節將焦點轉移到理論的「實踐」。此一個案是我為任職單位籌辦「二十週年慶」（以下簡稱廣告二十）時，帶領一群學生完成的活動，時間是2007年4月底。廣告二十是個（相對來說）頗具規模的系慶，內容包含教師作品展、新書發表會、在校生作品展、系友作品展、畢業展、和系友回娘家。籌備半年，花費超過四十萬。本節以廣告二十海報的設計過程，探討處理經驗的應用。

歷經多次討論，系慶鎖定「本系師生看事情的觀點與眾不同」為核心概念，並且以see different作為口號[6]。溝通這個概念屬於認知經驗上的挑戰。前文提到經營認知經驗可以分成內容和形式兩個層次，在這裡我們要先解決內容的問題，目標是找到一個清楚易懂，並且產生「驚喜」、留下「愉悅記憶」的說法。我們進行兩個方向的創意發想，一是示範，一是隱喻。然而，由於「觀點」十分抽象，難以在平面媒體上具體展現。不久之後，發想的方向漸漸偏向隱喻。

隱喻運作的機制是「類比」，也就是A:B = C:D。在這裡，A是一件事或一個現象，B也是；A、B之間的關聯性是「本質相同」。同樣的，「本質相同」可以看成a，「解讀不同」可以看成b，a、b之間的關聯性是「觀點不同」（也就是see different）。類比就是對應A、B與C、D，並且轉移「觀點」這層關聯性，讓人們利用已知、熟悉的知識去吸收未知、陌生的知識（Gregan-Paxton & John, 1997）。因此，我們的具體目標，是從生活經驗中尋找事件或現象C和D，他們必須本質相同，但可

以有不同的解讀（圖9-4）。經過多次的腦力激盪與修改，最後符合這層關聯性的創意有：

1. 手影：有別於多數人看見兩隻手，我們see different看見的是戴了帽子的人（圖9-5）。
2. 日心說：當多數人抱持「地球為宇宙中心」的觀念時，哥白尼「地球繞日而行」的學說是一個see different的觀點（圖9-6）。
3. 輔助線：在實線之外see different找到輔助線，是解答幾何數學的重要關鍵（圖9-7）。
4. 蛇吞象：在一般人眼中的帽子，小王子一書作者聖修柏里卻see different看見是一隻吞了大象的蛇（圖9-8）。

這幾個隱喻都具有相似的邏輯關聯性，也就是本質相同，但是因為觀點不同，可以有不同的解讀。從隱喻的角度看，他們都適合用來的表達see different，產生相似的認知經驗。問題是我們如何篩選？

此時我們將感官經驗納入考慮，因為活動海報除了溝通，還具備「識別」的功能。這個隱喻一經選定，會從海報設計延伸到會場內的展示、會場外的旗幟＼看板、以及其他文宣品的設計，決定整個活動的「面貌」。這就如同在設計品牌識別時，除了考量標誌與品牌訊息的關係之外，還必須斟酌感官經驗是否適合一個品牌。Wheeler（2006）認為，品牌訊息對「心」說話，品牌識別對「感官」說話；「外觀和感覺」（look and feel）是選定標誌的最後一道考量（圖9-9）。從這個角度看，四個隱喻其實帶領人們用不同的生活經驗解讀see different。手影給人一種「變戲法」的感覺，不大適合一個講究專業形象的系所，而且會場內外到處是手和影子的特寫會產生一種壓迫感。星球引發太空科技的聯想，與廣告系的人文氣質不符，而且星球的look and feel像是科博館、天文週。幾何數學十分理性，同樣不適宜廣告系，而且僵硬、冰冷，缺乏生日的「溫暖」。這些創意就像幾件廣告系都穿得下的衣服，但因為衣服的花色、款式不同，對於出席生日宴會來說，有適切程度的差異。蛇吞象沒有上述問題，並且與想像力關係密切，成為最後的選擇。

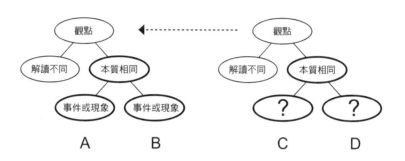

圖9-4 尋找共通的類比關聯性

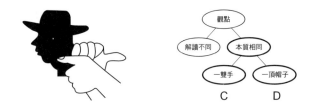

圖9-5　有別於多數人看見兩隻手，
see different看見的是戴了帽子的人

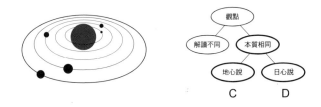

圖9-6　地球繞日而行的學說在16世紀是一個see different的觀點

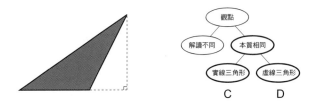

圖9-7　在實線之外找到輔助線是see different

圖9-8　一般人眼中的帽子，
聖修柏里卻see different看成是一隻吞了大象的蛇

圖9-9　look and feel（外觀與感覺）是選定標誌的最後一道考量

接下來，我們嘗試了許多編排，希望在「形式」的層面上經營認知經驗。我們用帽子的意象來組織大象、二十、蛋糕…等元素，把聖修柏里的see different與廣告二十連接起來。這些帽子以「重複」的形式編排，產生一種秩序，並且暗示帽子之間具有某種關係。我預期的理解過程如下：

1. 蛋糕、巧克力、核桃、櫻桃、彩帶…引發生日的聯想。

2. 看到文字「廣告系20周年慶」，知道海報的主旨。

3. 看到see different，大略意會到「看」和「不同」。

4. 帽子跟蛇吞象讓人對see different的含意更有把握。

5. 發現蛇也吃了20（或蛋糕）。

6. 內文更明確的說明see different的內涵。

最後，在執行階段，由於蛇吞象是個不怎麼新奇的點子（上yahoo輸入這個關鍵字可以找到659,000個結果），所以我希望表現手法不要太過童趣，而且最好能避開常見的作法。在嘗試的過程中，總共創作了三種版本的海報。圖9-10、9-11分別是手繪和向量版本。這兩種作法一方面擺脫不了童趣的感覺，二方面把人們的觀賞經驗帶到童書、繪本、插畫的世界，在那裡充滿各種稀奇古怪的想像，蛇吞象不容易帶來特殊的（感官）經驗。接下來我們利用影像處理的技巧，模擬黑、白巧克力製作的蛇吞象，並且與真實的蛋糕合成，看起來整張海報就好像一塊特寫的蛋糕，連see different都像是巧克力寫出來的字。這麼做，把人們的觀賞經驗從插畫的世界拉回現實生活。大家在生活經驗的脈絡下觀看蛇吞象，這樣的蛋糕很少見，比較容易帶來驚奇，也少了童稚的look and feel（圖9-12）。

結語

拿Nugget鞋油比Citroen C4其實很難，同樣的拿Citroen C4比保力達B也不容易，因為他們各自在不同的處理經驗上下功夫，有著很不一樣的衡量標準。評估廣告創意時若是區分廣告操作哪一種處理經驗，就比較容易評斷處理經驗是否達到「特殊」的標準，並且在那個經驗上檢討

圖9-10 手繪版本的廣告二十海報　　　　　　圖9-11 向量版本的廣告二十海報

See Different

政大廣告二十周年慶

因為想像力，聖修柏里看見跟別人不一樣的世界
我們在政大廣告系，所以看事情也有不同的觀點

4/13～14
(五)(六) | 政大 四維堂 | 第十七屆畢業展 ◆ 新書發表會：廣告教育的回顧與前瞻
師生聯展 ◆ 系友回娘家 ◆ 慶生會 ◆ 校友講堂

www.ad20.nccu.edu.tw

和改進。因此，區分處理經驗的類型，對廣告創意的評量有幫助。

此外，處理經驗讓我們在體驗行銷的脈絡下找到廣告創意的價值。其一，「廣告經驗」是「品牌體驗」的一環。其二，處理經驗有感官、認知、和價值三種類型，有些廣告只經營一種經驗，就可以很有創意，如Nugget鞋油的認知經驗，Citroen C4的感官經驗。其三，經驗向把廣告創意從「藝術」的雲端拉回現實生活，因為「驚喜」和「難忘的愉悅記憶」因人而異。

廣告二十海報使用的「隱喻廣告」的手法，帶領透過人們熟悉的蛇吞象故事，理解我們如何see different。「經驗觀點」把設計過程分成幾個階段，在每一個階段更清楚重點在哪裡。經營認知經驗的重點在於適切的隱喻，此時see different可以拆解成一套有系統的「邏輯關聯性」。其中，「本質相同」是低階的關聯性，「觀點不同」是高階的關聯性。透過這種方式篩選創意，讓我們專注在認知經驗上，先不去管廣告有沒有insight（價值經驗），也暫時不考慮視覺表現（感官經驗）的問題。

找到的四個隱喻之後，感官經驗（look and feel）是我們篩選的依據。從斟酌三種海報表現風格的過程中可以看出，處理經驗是「期望」導向的操作，想要帶來「驚喜」和「難忘的愉悅記憶」，必須考慮人們過去的觀賞經驗。向量或手繪風格是在插畫的脈絡下被觀賞，在蛇吞象的造型不能改變的前提下，想要產生特殊的感官經驗並不容易。以「真實影像」的呈現方式，引導人們在生活經驗的脈絡下接收蛇吞象，比較容易產生特殊的感官經驗。

在研究限制上，廣告二十純屬創作經驗的分享，在過程中，並沒有刻意去觀察、記錄、和分析；本文提報的，皆是我主觀的、選擇性的回憶。因此，從質性研究的角度看，廣告二十個案有「效度」的問題。然而，本文無意以「個案分析法」印證經驗觀點的有效性，廣告二十只是我在教學上的嘗試。他人在應用經驗觀點時，很可能會因為創作習慣不一樣，而有截然不同的過程和結果，這是讀者必須注意之處。

註釋

1. 本章改寫自吳岳剛（2008）。

2. 「經驗」與「體驗」原文都是 experience。對於 experience，Carbone 與 Haeckel（1994: 8）定義為「人們與產品、服務和企業接觸之後，所留下的印象；一種人們統合了感官資訊之後所產生的知覺」；Schmitt（2000: 35）認為 experience 是「遭遇的、經歷的、或是生活過一些處境的結果」，他們「對感官、心與思維引發刺激」。由此看來，無論翻成經驗或體驗，都能包含「經歷過一件事之後所留下的觀感」的概念，但為了方便區分，本文用「經驗」一詞代表片段、零星、局部的接觸之後留下的觀感，如「廣告經驗」；「體驗」一詞代表整體、完整、多元的接觸之後留下的整體觀感，如「品牌體驗」。

3. 由於品牌「體驗」是透過各種管道、經由時間的累積逐漸形成，廣告提供的只是短暫而局部的「溝通」經驗，本文在探討廣告處理經驗時，只鎖定感官、認知、和價值三種，進行討論。

4. 本文選擇的案例，除了獲得國際廣告獎的肯定之外，沒有研究資料證實他們產生預期中的效果。這些案例的選擇，純屬作者主觀認定適合用來說明處理經驗的操作。

5. 據我所知，此一案例並未獲得國際大獎。此例純屬我主觀認定適合用來說明價值經驗的操作。

6. 我們了解 see different 的文法並不正確，其間也諮詢英國人、美國人的意見，考慮過許多正確的版本。最後大家還是決定使用 see different 這個「台式英語」，因為（1）口號對於文法的正確性有比較大的寬容度，（2）簡單易懂，活動的目標對象可以一目了然。

參考書目

王育英、梁曉鶯譯（2000）。《體驗行銷》。台北：經典傳訊文化。（原書Schmitt, B. H. [1999]. *Experiential Marketing: How to Get Customers to Sense, Feel, Think, Act, and Relate to your Company and Brand*. MA: Free Press.）

岳心怡譯（2002），《注意力行銷》，台北：商周出版。（原書Sacharin, K. [2001]. *Attention!: How to Interrupt, Yell, Whisper, and Touch Consumers*. NJ: John Wiley & Sons, Inc.）

吳岳剛（2008）。〈廣告創意、處理經驗與溝通效果〉，《廣告學研究》，30：出版中。

吳岳剛、侯純純（2007）。〈初探隱喻廣告中隱喻與表現形式的效果〉，《藝術學報》，第80期第3卷，29-45。

吳岳剛、呂庭儀（2007）。〈譬喻平面廣告中譬喻類型與表現形式的轉變：1974-2003〉，《廣告學研究》，28：29-58。

周俊仲（2005年9月）。〈坎城廣告獎上的學習〉，《動腦雜誌》，353：54-59。

周麗君（2007年1月）。〈共振效應〉，《動腦雜誌》，369：74-75。

林昆練（2005年8月）。〈行銷人讀心術〉，《動腦雜誌》，352:

35。

張念一（2006年10月）。〈要說的沒說，卻說進心裡〉，《動腦雜誌》，366：72-74。

陳琇玲譯（2002）。《注意力經濟》，台北：天下文化。（原書Davenport, T. H. & Beck, J. C. [2001]. *The Attention Economy: Understanding the New Currency of Business*. MA: Harvard Business School Press.）

夏業良、魯煒譯（2003）。《體驗經濟時代》，台北：經濟新潮社。（原書Pine, B. J. & Gilmore, J. H. [1999]. *The Experience Economy*. MA: Harvard Business School Press.）

動腦雜誌編輯部（2005年2月）。〈比幽默搞懸疑〉，《動腦雜誌》
　　，96-99。

Braun-LaTour, K. A., LaTour, M. S., Pickrell, J. E. & Loftus, E. F. (2004). How
　　and when advertising can influence memory for consumer experience. *Jour-
　　nal of Advertising, 33* (4), 7-25.

Braun-LaTour, K. A. & LaTour, M. S. (2005). Transforming consumer experi-
　　ence: When timing matters. *Journal of Advertising, 34* (3), 19-30.

Brunel, R. F. & Nelson, M. R. (2000). Explaining gendered responses to "help-
　　self" and "help-others" charity ad appeals: The mediating role of world-
　　views. *Journal of Advertising, 29* (3), 15-28.

Carbone, L. P. & Haechel, S. H. (1994). Engineering customer experiences. *Mar-
　　keting Management, 3* (3), 8-19.

Crosby, L. A. & Johnson, S. L. (2006). Exceptional experience. *Marketing Man-
　　agement, 15* (1), 12-13.

Deighton, J. & Schindler, R. M. (1988). Can advertising influence experience?
　　Psychology & Marketing, 5 (2), 103-115.

Gregan-Paxton, J. & John, D. R. (1997). Consumer Learning by Analogy: A
　　model of Internal Knowledge Transfer. *Journal of Consumer Research, 24*
　　(December), 266-284.

Kempt, D. S. & Laczniak, R. N. (2001). Advertising's influence on subsequent
　　product trial processing. *Journal of Advertising, 30* (3), 27-38.

Liljander, V. & Strandvik, T. (1997). Emotions in service satisfaction. *Interna-
　　tional Journal of Service Industry Management. 8* (2), 148-149.

McGlone, M. S. & Tofighbakhsh, J. (2000). Birds of a Feather Flock Conjointly:
　　Rhyme as Reason in Aphorisms. *Psychological Science, 11* (September), 424-
　　428.

McGlone, M. S. & Tofighbakhsh, J. (1999). The Keats Heuristic: Rhyme as Rea-
　　son in Aphorism Interpretation. *Poetics, 26*, 235-244.

Muehling, D. D., Sprott, D. E. (2004). The power of reflection: An empirical examination of nostalgia advertising effects. *Journal of Advertising, 33* (3), 25-35.

Morrison, S. & Crane, F. G. (2007). Building the service brand by creating and managing an emotional brand experience. *Brand Management, 14* (5), 410-421.

Phillips, B. J. (2000). The impact of verbal anchoring on consumer responses to image ads. *Journal of Advertising, 29* (1), 15-24.

Pullman, M. E. & Gross, M. A. (2004). Ability of experience design elements to elicit emotions and loyalty behaviors. *Decision Sciences, 35* (3), 551-578.

Reynolds, T. J. & Olson, J. C. (2001). *Understanding Consumer Decision Making: The Means-End Approach to Marketing and Advertising Strategy.* NJ: Lawerence Erlbaum.

Schwarz, N. (1990). Feelings as Information: Informational and Motivational Functions of Affective States. In E. T. Higgins & R. M. Sorrentino (Eds.). *Handbook of Motivation and Cognition: Foundation of Social Behavior Volume 2* (pp. 527-558). NY: The Guilford Press.

Schwarz, N. & Clore, G. L. (1988). How Do I Feel About It? The Informative Function of Affective States. In K. Fiedler & J. Forgas (Eds.). *Affect, Cognition and Social Behavior* (pp. 45-62). NY: C. J. Hogrefe, Inc.

Wheeler, A. (2006). *Design Brand Identity.* NJ: John Wiley & Sons, Inc.

Wheeler, S. C., Petty, R. E. & Bizer, G. Y. (2005). Self-schema matching and attitude change: Situational and dispositional determinants of message elaboration. *Journal of Consumer Research, 31* (4), 787-797.

作品櫥窗

政治大廣告系第十八屆畢業展：忽略篇

作者：鄞燦昱、莊若晨、黃怡萍、黃鐘瑩、吳岱芸、高莞珺

這則廣告操弄的是「閱讀雜誌」的經驗。

廣告要說的是，政治大學第十八屆畢業展，關心一些被人忽略的議題。廣告主要的挑戰是表現「忽略」。學生們發想了一段時間都沒有找到令人滿意的點子，後來我給了一個方向，請他們從「讀者閱讀雜誌的情境」下手，表現忽略。沒有多久之後，我就收到這個叫人激賞的創意。

我們知道這則廣告要刊登的媒體是商周雜誌。利用商周的編輯、編排風格，同學們在「視覺上」模擬人們快速翻閱雜誌時的視覺效果。我們預期人們翻開這一頁時，會對眼前的景象感到既熟悉又陌生。熟悉，是因為快速翻閱雜誌，文字看起來就是種模糊的感覺；陌生，是因為仔細去看，這不是雜誌內頁，而是廣告。簡單的說，這則廣告利用人們閱讀雜誌的習慣，操弄「認知經驗」，傳達我們的主張。

我很喜歡這則廣告的標題「世界再也不一樣，因為你看見了這行字」。他不再重複圖像上已經呈現的訊息（忽略），而是以「你已經知道我們在講『忽略』」為基礎，溝通「如果你沒有忽略」。這種做法，一方面提示圖像的含意，一方面與圖像形成強烈對比。

文案：

世界再也不一樣，如果你喝的是公平貿易咖啡，第三世界的童工就能跟你的孩子一樣走進教室。

世界再也不一樣，如果你願意用自行車代步，每年就可以為地球減少十頭大象重的二氧化碳。

世界再也不一樣，如果你優先選購台灣農業精品，農民也能給他的家人一個安定的生活。

世界再也不一樣，如果你能與我們一起，重新正視這些長久被忽略的社會議題。

政大廣告系畢業展：HAPPITUDE，4月25日至4月27日在華山文化園區，邀你加入我們，用對的態度，引發真的快樂。

台灣農業精品

小農的結合　有機農業

公平貿易

省浪費　　　　節

人道對待動物

自然的面貌　　短暫的過客

電視老人

電視最忠實的觀眾　疏離的孤獨感

世界再也不一樣
因為你看見了這行字

世界再也不一樣，如果你喝的是公平貿易咖啡，第三世界的童工就能跟你的孩子一樣走進教室。

世界再也不一樣，如果你也願意用自行車代步，每年就可以為地球減少十頭大象重的二氧化碳。

世界再也不一樣，如果你優先選購台灣農業精品，農民也能給他的家人一個安定的生活。

世界再也不一樣，如果你能與我們一起，重新正視這些長久被忽略的社會議題。

政大廣告系畢業展：HAPPITUDE，4月25日至4月27日在華山文化園區，邀你加入我們，用對的態度，引發真的快樂。

主辦單位　HAPPITUDE　國立政治大學廣告系　第十八屆跨媒體創作學程畢業展
對的態度▶真的快樂　http://happitude.nccu.edu.tw

協辦單位　好鄰居　財團法人好鄰居文教基金會 Good Neighbor Foundation　動腦brain 行銷・創意

作品櫥窗

衛生棉條：壞男人篇

作者：黃郁茹、陳靜如、李怡潔

這是一則推廣衛生棉條的廣告，郁茹、靜如、怡潔想要溝通的是衛生棉有許多缺點（悶熱、容易外漏…），女性朋友身受其害，卻大都忍氣吞聲、默默承受。

她們把這個感受類比到「壞男人」，既然這麼不好，何不鼓起勇氣甩掉呢？她們的標題說「忍耐不應該變成一種習慣」，副標說「他不關心你、他不瞭解你、他只想到他自己」。內文寫著：

> 妳沒必要勉強自己吞下關於分手的字句，遇到壞男人沒什麼了不起，說一聲再見就可以。一樣的道理，抽屜裡那又悶又臭的衛生棉，你大可不必忍氣吞聲繼續用下去，新的選擇等著你，只看你是否能拿出嘗試的勇氣。

如果女性朋友對這個點子產生共鳴，生活中各式各樣遇過或聽過的「壞男人」，應該是個重要的關鍵。我認為郁茹她們找到了一個人們「共同的生活經驗和想法」，操作「價值經驗」。

忍耐不該變成習慣
他不關心妳、他不瞭解妳，他只想到他自己。

妳沒必要勉強自己吞下關於分手的字句，遇到壞男人沒什麼了不起，說一聲再見就可以。一樣的道理，抽屜裡那又悶又臭的衛生棉，你大可不必忍氣吞聲繼續用下去，新的選擇等著你，只看你是否能拿出嘗試的勇氣。

Try Something Else

作品櫥窗

共同購買：愛護動物篇

作者：陳品伊、林珊汶、楊蟬蓉

在廣告上看見模特兒甩頭髮就直覺的認為這是洗髮精廣告，在廣告上看見一隻瘦巴巴的狗，就直覺這是宣導「愛護動物」；這些都是我們的「廣告經驗」。操弄這種預期心理可以產生獨特的「處理經驗」，屬於本章「認知經驗」一節所說「掌握人們處理廣告訊息的習慣」。

　　品伊、珊汶、蟬蓉想要提醒人們，土地雖然沒有流浪狗顯眼，卻同樣需要關心。她們的標題說「這不是一則愛護動物的廣告」，內文寫著：

　　　　根據世界經濟論壇統計，台灣農地所使用的農藥，世界第一，而化學肥料則排名第二。換算起來，每公頃農地至少要承擔七百六十公斤的農藥和化肥。這些東西殺死了可以分解有機物的有益微生物，破壞了土地的功能。我們的土地已無力招架，亟需幫忙。

　　　　透過共同購買，讓生產者改變生產方式，降低對土地的汙染。土地的負擔少一點，健康的負擔也會少一點。

　　這則廣告另一個特別的地方是呈現隱喻的方式。廣告的隱喻是「土地像流浪狗一樣需要關心」，但是切入這個隱喻的方式，卻是「你以為只有流浪狗需要關心嗎？不！你忽略了這個」。這，是Phillips與McQuarrie（2004）所謂的「相反」型隱喻，也就是「雖然A與B一樣，但某一方面不同」。在這裡，隱喻的含意可以想成「土地跟流浪狗一樣需要關心，但是人們卻只在意（比較顯眼的）流浪狗」。

根據世界經濟論壇統計，台灣農地所使用的農藥，全世界第一，而化學肥料，則排名第二。換算起來，每公頃農地至少要承擔七百六十公斤的農藥與化肥。這些東西殺死了可以分解有機物的有益微生物，破壞了土地的功能。

我們的土地已無力招架，亟需幫助。

這不是一則愛護動物的廣告

透過共同購買，讓生產者改變生產方式，降低對土地的污染。
土地的負擔少一點，健康的負擔也會少一點。

第十章
教練筆記：隱喻廣告實作

對於一個設計人來說，「老師」真是一門特殊的行業。

照理說我應該武藝超群，如果有人來踢館，在所有弟子都被打敗之後，我會是那最後一個出來應戰，並且成功擊退敵人的「師父」（在電影中這位常常也是掌門人）。這個人，應該有一身的絕學，偶而使兩招，就足以讓弟子驚為天人，受用無窮。

然而事實是，我沒有學生會畫圖、沒有他們有創意，我甚至沒有他們聰明。我可以偶而露一手，但學生看了之後，通常可以做得比我好。不只如此，他們學成下山之後，個個比我厲害，只是不便回來踢館而已。

　　所以我漸漸發現，我的工作不是師父，而是教練。兩者的差別是，師父需要很厲害，教練不必；師父肩負承先啟後的使命，教練沒有；師父傳授，教練啟發；師父鑽研武藝，教練研究訓練選手的方法；師父的成就是自己，教練的成就是選手。

　　把自己的角色想清楚之後，我對自己貧乏的創作成果稍微釋懷（但仍然汗顏）。然後我發現，我的優秀選手（成果）散落在過去十五年的教學過程裡。站在我桌上那些4A自由創意獎、掛在牆上的時報廣告金犢獎，是學生的殊榮，也都是我的訓練成果。因為，我絕大部分的時間，都用來啟發、培養這些原本生殊懵懂的年輕人。

　　不經意的回首，我赫然發現隱喻老早就在我的教學中扮演重要角色，也突然明白自己對於隱喻的興趣，主要來自於教學與創作所需，而不是研究。對一個設計人來說，「創作」還是實踐隱喻最快樂、最駕輕就熟的途徑。

　　這一章，我從最近幾年我和學生的作品中，挑選一些優秀的案例，分享實踐隱喻的經驗。我首先介紹三則自己的習作，然後是我指導學生完成的作品。

嫌犯丙

作者：吳岳剛

這是為了「廣告系二十周年慶」中的「教師作品展」所進行的習作。其中使用的隱喻是「私人物品像X光片，可以看透一個人」，其實是個不怎麼創新的聯想。但是我把主要的心力放在X光片跟「拼湊」上。在這裡我用的是「拼圖」的概念。

前文提到，我認為有些隱喻廣告是以「表現形式」取勝。也就是說，隱喻經由圖文「演」出來的方式，超出人們對於語文裡「50件物品像X光片拼湊出一個人的內心世界」的想像。在這裡，我試圖以兩個作法經營這種「觀賞經驗」，一是拼圖與X光片的結合，一是拼圖「本身」的設計。其中，後者是比較進階的Photoshop技巧，我用來琢磨自己的技術，並且作為上課教材。

文案：

這是政大廣告系陳文玲「進階創意寫作」課的期末作業。「嫌犯」寫下自己擁有的五十件東西，交給學生去分析，最後他們選定一個合適的商品，並且製作一則廣告銷售給嫌犯。2005年12月，我是嫌犯丙。

從沒想過身邊習以為常、毫不起眼的東西，可以透露那麼多的訊息。我感覺像是被人拍了五十張X光片，一覽無遺。這個X光片裡的我，有一部份甚至是我不曾察覺的。當著眾人面前重新認識自己，感覺又痛又爽，就像摳了發癢的傷口。

五十件商品看透一個人的想望，還有什麼事比這更能說明消費者洞察？佩服陳文玲的創意。謹以此作抒發嫌犯心情，並警惕未來有意犯案者三思。

（陳文玲這個作業，學生最後為我選定的商品是「重型機車」，那正是我至今依舊想望的東西。）

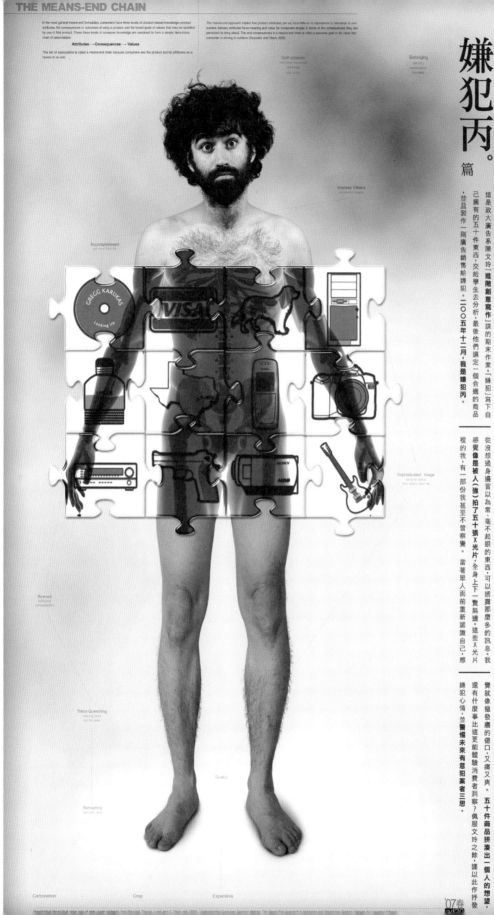

前世今生：老人與小孩篇

作者：吳岳剛

這個習作是我「平面複合媒材」課的教材，用來展現媒材的特質可以如何輔助訊息的溝通，並且示範我對期中作業「書籍封面設計」的要求。

這本書講的是「生命，是靈魂在不同的時空中學習、療癒、以及完滿的過程」。畫面上，我想要傳達的是，一個人今生的經歷，有許多是受到上一世所作所為的影響。畫面中，小女孩代表今生，老人代表前世。這一世的遭遇或困境由「斑駁」代表（轉喻）。因為有了困境，所以我們想要從前世去探究因果，就好像牆壁若是長了壁癌斑駁，我們會把表層的油漆、水泥刨除，找尋底下真正的原因。

除了「隱喻」，這個習作同樣也在琢磨影像處理的技巧，因為這是我「平面複合媒材」課程的一部分。

Same soul, many bodies.

前世今生來生緣
穿越時空的靈魂之旅

前世今生：衣服篇

作者：吳岳剛

這個習作也是我「平面複合媒材」課的教材。我為同一本書設計了第二個封面，用來示範如何把不同的材質巧妙的結合起來。

　　根據這本書的觀點，相同的靈魂在不同的時空中旅行，我們的每一世，只不過是穿上了不同的衣服，以不同的（生命）角色在體驗和學習。

　　這裡的隱喻是「肉身就像衣服」。靈魂以不同的肉身體驗和學習，就如同身體穿上不同的衣服，去到不同的場合、有不同的際遇。穿上西裝，我的角色是大學老師，我參加一場研討會，與專家、同好交流知識；換上運動服，我的目的是戶外活動，與家人分享休閒時光。靈魂何嘗不是呢？這一世我穿上「教練服」（男性、M Size），把「老師」的數十寒暑，用來樹人。有一天衣服破舊了，我也許換上一件「工作服」，做一個工程師，造橋鋪路。

Same Soul, Many Bodies.

相同的靈魂，不同的身體

從過去到未來，靈魂在穿越時空之旅中，
為受傷的心靈找到療癒的力量。

吳岳剛

M

棄養寵物：碎紙機篇、上吊篇

作者：呂庭儀

獎項（上吊篇）：名古屋國際設計競賽，入選（Honorable Mention，NAGOYA DESIGN DO! 2006 International Competition）。

2005年，我在台灣科技大學工商業設計系服務時，於設計研究所開了一門「廣告理論與研究」，這是庭儀的期末作業。那一學期我以隱喻為題，讓學生選定各自熟悉的表現形式和主題進行創作。庭儀的創作是海報設計，主題是寵物棄養的問題。她的隱喻是「棄養就像謀殺」，是一個「以抽象喻抽象」的隱喻，也就是說，棄養跟謀殺，都需要透過適當的事物「轉喻」，才能出現在畫面上（請見第四章）。在圖像設計上，對於「謀殺」她以「丟進碎紙機」、「吊死」轉喻，沒有血淋淋的刑案現場，點到為止。

庭儀來自雲林科技大學，在設計上有十分深厚的底子。對於「狗與碎紙機」，她把狗轉換成一張照片，如此一來碎紙就成了狗毛，巧妙的把一個原本不適宜放進碎紙機的事物（狗），變得十分合理。在「吊死」上，庭儀的做法更是四兩撥千斤。她把「狗鍊」跟「吊索」這兩樣在形狀、材質上都很接近的東西合而為一，沒有複雜的影像處裡技術，但是卻一樣可以帶來視覺的震撼。從這兩個例子可以看出，（1）「視覺失衡」不一定要作出怪異、超現實的影像處理，只要結合的方式超乎想像，一樣可以帶來驚異，（2）兩個事物結合的「巧妙」程度，除了維妙維肖影像處理，還包括「簡單」；也就是說「簡單也可以做到出乎意料」。我記得，庭儀在班上提出這兩個點子的時候，吊索受到的肯定多於碎紙機。我認為有很大一部分的理由，就是兩者竟能以「是如此的簡單，卻超乎人們的想像」的方式結合在一起。

課程結束後，她把標題翻成英文，投稿到日本參加比賽，「上吊篇」獲得了名古屋國際設計競賽「入圍」的殊榮。

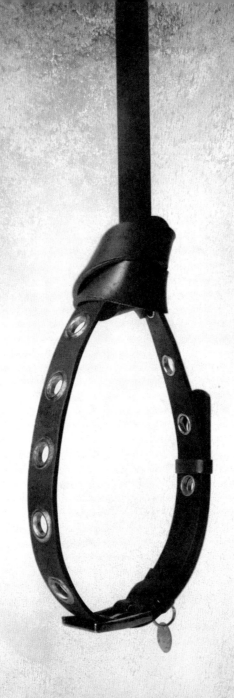

Abandon = Murder

媒體亂象：蚊子篇、乳房篇

作者：陳彥廷

獎項（乳房篇）： 2006 4A自由創意獎，銀獎；紐約藝術指導協會年度獎，優選（The 87th New York Art Director Club Annual Awards. Merit）。

獎項（蚊子篇）： 2006 4A自由創意獎，佳作。

　　2006年秋末，我在台灣科技大學兼課時，「廣告設計」課我用當時4A自由創意獎的主題「媒體的社會責任」，讓學生做期末作業，並且鼓勵他們投稿參加比賽（「比賽」純屬鼓勵，其結果跟成績沒有任何關係）。結果我們很有斬獲，電視類獲得金獎、銅獎；平面類獲得銀獎。

　　彥廷的兩個隱喻，在表現形式上都很妙。「蚊子篇」首先「誇張」了媒體「充滿血腥的報導」這件事，然後透過「人體」比喻，避開演出「血腥」恐怖駭人的畫面（那不就連廣告本身都很血腥了？）。然而，「媒體像人體」如何在視覺上呈現呢？這是這幅作品真正高明的地方。透過「蚊子與人體」的關聯性，我們把報紙想像成人體（那樣充滿血液）

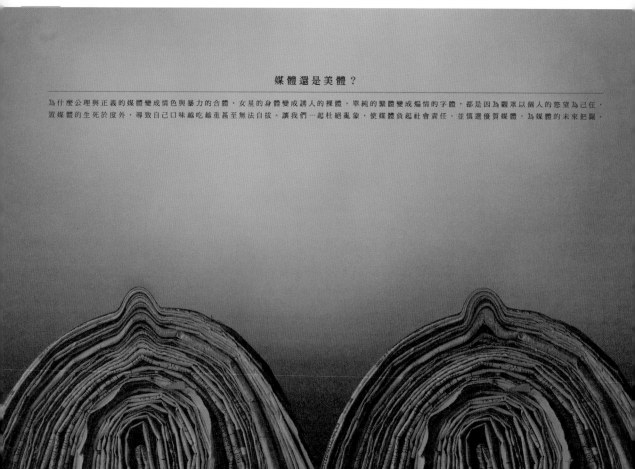

媒體還是美體？

為什麼公理與正義的媒體變成情色與暴力的合體，女星的身體變成誘人的裸體，單純的緊體變成煽情的字體，都是因為觀眾以個人的慾望為己任，置媒體的生死於度外，導致自己口味越吃越重甚至無法自拔，讓我們一起杜絕亂象，使媒體負起社會責任，並慎選優質媒體，為媒體的未來把關。

。換句話說，由於我們都知道「蚊子吸血」，所以看見蚊子從報紙上吸滿了血，意味著報紙也充滿血液。

接下來是圖像設計的問題。這張稿子的構圖讓蚊子成為視覺的焦點，色調、背光效果凸顯了蚊子肚子裡飽飽的血液。最後，依稀可讀的報導，讓讀者更容易把「流血事件」跟生活中的媒體經驗連結在一起。這些，都是設計的巧思。

「胸部篇」講的是色情。這個隱喻，是Phillips與McQuarrie（2004）所分類的「相關」（connection）型隱喻，意指兩個事物「都與某一個概念有關」，而非直接相似。所以，這裡說的不是「媒體（報紙）像乳房」，而是兩者都與「情色」有關。Phillips與McQuarrie認為這是「最淺層」的相似。換個說法，媒體與胸部的相似處只在「他們都跟情色有關係」。嚴格來說，這不是一個很棒的隱喻。

不過，根據我對隱喻廣告的研究，隱喻廣告不一定要有很棒的「隱喻」，如果視覺表現做得好，同樣可以令人驚艷、並且具有傳達力。這也是我看到彥廷的草圖時，第一個反應。他表現媒體與乳房的方式實在超乎想像，十分引人注目，隱喻有沒有很棒，也就沒那麼重要了。

彥廷後來申請到「交換學生」的機會，到美國Pratt設計研究所深造。他把這兩張稿子投到「紐約藝術指導協會年度獎」，獲得優選的殊榮。

嗜血的是媒體還是觀眾！

媒體亂象：回收篇

作者：蘇鉉亮、許志暉

獎項：2006 4A自由創意獎，電視類，金獎

同一門課，同一個題目，這個獲得金獎的電視廣告，把媒體隱喻成「危險物品」。跟前面陳彥廷的作品一樣，以「危險物品」比喻報紙對人體有害，嚴格來說不是一個很特別的隱喻。這個作品也是隱喻「表現形式」的創意。

首先，「危險物品」有許多種，易燃物、槍械、毒品…都是，鉉亮、志暉從「垃圾分類」的角度詮釋危險物品，這對本片論述的主角「報紙」來說，是一個十分合理的情境，很容易連結到我們的生活經驗（因為報紙需要回收）。

其次，如何把報紙和危險的（分類）物品相提並論？這是本片第二個層面的創意。他們先分類一般的垃圾，然後接到主題：報紙。根據我們的生活經驗，我們的直接反應是「紙類」，因而對主角的遲疑感到疑惑。最後，答案揭曉，主角認為報紙應該被歸類為「危險物品」。這個做法，可以約略想像成，在平面廣告上將危險物品和報紙「並置」，讓我們思考兩者之間的關係，沒有任何視覺上的驚奇。

然而，我個人的看法，儘管在兩種媒體上都沒有視覺上的驚奇，但是電視廣告因為有了「時間」這個元素，我們可以操弄「敘事」的方式，所以在電視廣告上接收「報紙是危險物品」，比起平面廣告上的「並置」來得有趣多。所謂的敘事，指的是說故事的方式，也就是如何「鋪陳」報紙是危險物品。鉉亮和志暉先帶著我們做一般的垃圾分類，然後把故事的轉折點，鎖在主角對報紙----一個平時我們再熟悉不過的東西----所產生的疑惑。最後，先看見報紙被分類，然後知道是危險物品。這，儘管沒有視覺的驚奇，卻有「聽故事」的驚奇。在本書第九章的概念裡，這是一種「認知經驗」的操弄。

總結來說，本片透過兩種途徑操弄認知經驗，一是隱喻，一是表現形式。其中，在表現形式上，垃圾分類是詮釋「危險物品」一個很適切的角度，敘事手法為「分類」帶來驚奇，兩者相得益彰，我認為是獲獎的主要原因。

影部：一個人要去丟垃圾（正面拍）

影部：垃圾桶上的標誌為「鐵鋁罐」

影部：一個人要去丟垃圾（背面拍）

影部：他丟入一個罐頭

影部：垃圾桶上的標誌為「紙類」

影部：垃圾桶上的「鋁箔包」

影部：他丟入一些紙

影部：他丟入一個鋁箔包

影部：垃圾桶上的標誌為「塑膠瓶」

影部：他疑惑，想了想

影部：他丟入一個塑膠瓶

影部：決定把這些報紙歸類到這裡

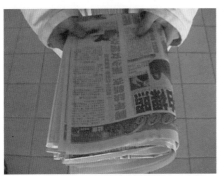

影部：接下來要丟的是報紙

影部：垃圾桶上寫著「危險物品」

影部：上面寫著一些煽色腥的東西

字幕「您看的報紙安全嗎？」

字幕「讓我們一起為媒體把關」

媒體亂象：果汁篇

作者：陳彥廷、林宏榮、吳育維

獎項：2006 4A自由創意獎，電視類，銅獎

相對於鉉亮和志暉以「媒體」為焦點，彥廷、宏榮和育維認為「有需求才有供給」，有重口味的觀眾，才會有煽色腥的媒體。所以他們主張人們要從自身做起，拒看某些類型的節目，媒體就自然會有社會責任。換句話說，觀眾也要肩負一部分的社會責任。

他們從「嗜血的是觀眾」出發，把「媒體」暗喻成「腥鮮水果」。整支片子的重心在於鋪陳「腥鮮果汁」。他們把膠卷、報紙放到果汁機裡榨出鮮紅的果汁，可以帶來驚奇，很快的抓住人們的注意力；用這種方式榨出來的果汁有人愛喝，是另一個驚奇。最後，以「您（觀眾）的反應」作為一切怪異現象的原因並且下結論，也許是最大的驚奇，因為（相對來說）比較少人把媒體亂象的原因指向觀眾。

同樣的題目，同樣是隱喻，「垃圾分類篇」得金獎「果汁篇」得銅獎，正好是一個學習的機會。首先，我自問哪一支比較好？跟評審一樣，我也認為是分類篇。接下來，分類篇好在哪裡？我認為還是在於「簡單」。「腥鮮果汁」是個原本不存在的東西，垃圾分類是人們熟悉的東西。從腥鮮果汁代表的是生活中「媒體」的哪一個部分、為何會如此「腥鮮」？以至於人們愛喝，在片中沒有清楚交代，人們必須自行想像。相對的，報紙上亂七八糟的報導讓主角產生疑惑，因而最後歸類為危險物品，顯得簡單、明確得多。

這，讓我想到呂庭儀的「吊索篇」跟「碎紙機篇」。一個好的廣告表現形式，似乎總離不開「簡單」。隱喻廣告也是如此。

影部：一個人為果汁機倒水，狀似正要準備做果汁

字幕「平均每十分鐘，就有一幕暴力影像」

影部：特寫倒水

影部：主角撕碎報紙

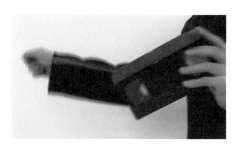

影部：主角抽出錄影帶裡的膠卷

影部：放入果汁機中

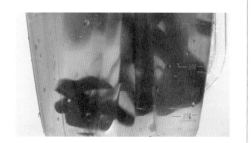

影部：放入果汁機內

影部：報紙滲出紅色的墨汁

字幕「平均每五篇新聞，就有一篇充滿血腥」

影部：倒入杯中

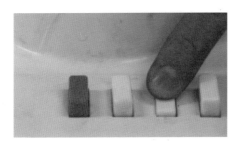

影部：啟動果汁機

影部：一個人端走一杯

影部：攪出紅色的汁液

影部：喝下

字幕「100%腥鮮果汁」

影部：感覺美味

影部：將杯子放回桌面，這已經是
她喝下的第五杯了

字幕「您的反應是媒體沉淪的動力」

最佳學生平面設計廣告獎

媒體的社會責任／黃珊珊
得獎學校：台科大　工商業設計系
指導老師：吳岳剛　得獎學生：陳姿廷
創意概念：以身體的線條結合各器官表現情慾的掙扎

台客風／新竹工管系
得獎學校：交大大學　視覺傳達設計系
指導老師：李健志　得獎學生：黃文慈
創意概念：具有濃厚鄉土味的台客文化，也能利用
地圖陳述表現出完整的品牌形象和風格

大贏家照過來

2006 自由創意獎

學生特別獎

媒體的社會責任／輔子綾（上圖）、娃娃圖
得獎學校：銘傳大學　商業設計系
指導老師：林俊良　得獎學生：林俊良、謝正言
創意概念：用消費超現實的畫面及大眾錯愕貪的畫面，讓觀者了解
現代媒體其實也正在告知觀眾的事。進一步來發覺觀者辨認真相的能
力，而不再只是被動承接一昧的配色配色。

媒體的社會責任／果汁標籤
得獎學校：台科大 工商業設計系
指導老師：陳彥廷
得獎學生：林宗泰、吳育德
創意理念：以果汁喻反毒觀念

100% 原味果汁

媒體的社會責任／以訊傳此 見死不救
得獎學校：台科大 工商業設計系
指導老師：張弘毅
得獎學生：趙曉風、陳培華、林珈綺、林柏均
創意理念：「為了瘦告血 見死不救」以嘲諷的手法呈現媒體人的嗜血

「今天我有腦 民死不救」

媒體的社會責任／垃圾廚餘
得獎學校：台科大 工商業設計系
指導老師：許志堅
得獎學生：吳岳剛

媒傳平面創意競賽

2006 自由創意盃

記者許聖梅／台北報導

媒體責任 主宰新聞

反向思想 點子新鮮

冷笑主題 不易表現

金銀銅出爐 與眾不同

行銷台灣：食物冒險篇

作者：張卉君、李佳真、黃小銓

獎項：2007 4A自由創意獎，電視類，金獎

這一年我在政大開「流動影像設計」課，內容以電視廣告為主。期末作業，又碰到4A自由創意獎公布題目「行銷台灣」，我認為很適合學生練習，所以讓他們以此為題做期末作業。結果，班上30人11組，共有4組入圍，搬回一金、一銀、一佳作。

金獎使用的隱喻是「台灣是美食樂園」。意思是，在台灣享用美食就好像在遊樂園裡，總是充滿讚嘆、驚呼聲不斷。這也是一個「抽象喻抽象」的隱喻，因為台灣美食、遊樂園，都是抽象的概念，因此需要透過具象的事物轉換，才能呈現。對於美食，卉君他們三人選擇以夜市代表，這應該是台灣人很能認同的生活經驗；對於遊樂園，他們選擇雲霄飛車、水療池、摩天輪等事物代表，這應該也是大家熟悉的生活經驗。這支影片最特別，也是最難的地方，在於如何把這兩個事物結合在一起，並且考慮十分有限的拍攝時間（這是「期末」作業）以及資源（基本上他們只有一部攝影機，其他什麼器材都沒有）。這，又是表現形式的創意。

他們的做法很簡單。畫面上，我們看見一般夜市、製作各種食物的景象，然後透過聲音，賦予那個景象另外一層意義。以珍珠奶茶來說，（1）啟動搖晃珍珠奶茶的機器，聽到樂園裡啟動遊樂設施的「嗶」聲，（2）在搖晃時，聽到人們乘坐雲霄飛車時發出的尖叫聲，讓觀眾以「雲霄飛車」的角度看珍珠奶茶的製作過程。

這可以約略想像成平面廣告裡的「圖文隱喻」，也就是兩個相提並論的事物，一個以圖像表現，一個以文字表現。只不過這個時候的圖文隱喻顯得有趣得多。因為，「遊樂園」不是被說出來，而是讓我們從「音效」聽出來。這樣的做法不只有趣，而且簡單、易懂、又出人意料。

　　這個作品提醒我們注意電視媒體因為有了影音表現的空間,所以不像平面媒體,十分依賴「視覺」。以我幾位學生的得獎作品來說,陳彥廷在畫面上把雜誌和乳房做一個巧妙的結合(我認為)是得獎的重要關鍵,呂庭儀把狗鍊和吊索合在一起也是;但是到了電視媒體上,蘇鉉亮、張卉君他們的金獎,都沒有「結合」這件事,依舊讓人「嘆為觀止」。他們的共通處都在於「敘事的方式」,也就是「同樣的訊息,說出來的方式不同,人們經歷的接收過程不同,感受也就不同」這類「處理經驗」的效果(見第九章)。從這裡,我們合理的懷疑,在電視上,「圖像隱喻」未必多於「圖文隱喻」,「視覺失衡」也可能不是觀察隱喻發展趨勢的一個重點。這,有待未來進一步研究驗證。

影部：一個人正在舀粉圓

影部：倒入紅茶

影部：放入搖罐

影部：再放上電動搖晃的機器上

影部：啟動按鈕

聲部：遊樂園裡，雲霄飛車啟動之前會發出的「嗶」聲

影部：開始搖晃

聲部：人們在雲霄飛車上的尖叫聲

影部：一個人在揉麵糰

聲部：一個人被按摩時舒服的呻吟聲

影部：揉麵糰繼續

聲部：呻吟聲繼續

影部：特寫香雞排

聲部：哇嗚～

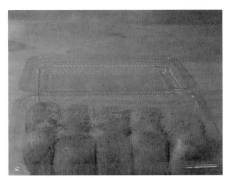

影部：特寫一盒麻糬

字幕「和食物一起冒險的地方」

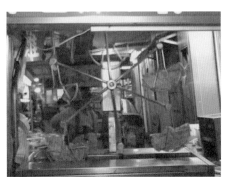

影部：夜市裡，電動炸香雞排的機器正在轉動

聲部：「哇嗚～」好像在遊樂園裡看到什麼特別的東西所發生的驚嘆聲

2007 4A自由創意獎專刊

主辦‧自由時報‧4A（台北市廣告代理商業同業公會）

自由時報 2007年4月18日／星期三

大專創意精 改造地球2班子
高中創意王 復興美工稱霸

大專組平面金獎

黃玉婷 多變造型喻寶島

記者鍾錦銓／台北報導

昨日「4A自由創意獎」頒獎典禮上，學生組、大專組平面獎、電視獎等獎項一一揭曉。

台中技術學院商業設計系黃玉婷同學的金獎作品「地球暖化」，將台灣溫室效應的寶島的變身為表達，用平面呈現地球暖化……寶島從出生至今已有650年，若將地球之齡45億年壓縮入1天的時間換算，寶島從出生一地就有超過24小時不睡，依靠亮麗、365天天天快速型態……女人善變又美麗的寶島……

大專組平面金獎

土林高商奪銅

今年的得獎題目「行銷台灣」，生平面設計獎，在大專組部分，前三名加上佳作共8名，金獎由中技術學院奪下，指導老師李新富老師地紅了眼眶，首次獨立指導的高中得主，大專組與高中組美北美術設計獎，平全被獲興商工設計科學生囊括，只有銅獎被士林高商的同學奪出。

平面獎首度分設大專高中堂堂邁入第4屆的「4A自由創意學生組……大專組……「大專組、高中組的技藝獎，分設為「高中組」與「大專組」、「高中組平面獎又叫……大專組中平面獎及中部的技藝……

高中組平面金獎

黃正茹 外國人思維推銷台灣

復興商工設計科黃正茹的金獎作品「MADE IN TAIWAN」，以台灣本有的生態意象，大街小巷有的綜合商圈24小時，台各大百貨店念為出發點，延伸出米台灣除了要保存血脈……不能心能更不能手軟。別忘了要買寶寶……性的競爭，顯見既他戰勝了一切！（文／魏紜鈴）

黃正茹說：「我團的父母給予我很大的空間，去做我喜歡做的事情！這次合與作品，我的創意發想是假設是外國人的思維來做，起初，這個作品並沒有受到老師的肯定，但是我的對它很有信心，因為我把找所想的，真正做到所完成它！」

最佳學生電視廣告獎得獎作品

大專組電視金獎
良性競爭　共同創作好作品

國立政治大學廣告系黃詩涵、李佳潔與張祈君等三位同學，共同創作的「電視廣告獎」金獎——「食物冒險篇」，餘下金獎、指導老師吳岳剛與指導的學生們，對於指導班上同學獲異品質，余得合不攏嘴，對於他創意大好結，所以一直對他們深具信心。同儕之間的競爭讓他們做此產生

丁競爭力，原本不善於表達的他們，花了不少功問直拍，若至有個拯珍珠奶茶的鋪貨，選是跟打工的同學情商借拍，所以都不知道要說了什麼？不過有到有同學一起入圍了，真的瘋到很開心！

（文／魏紹幹）

電視廣告金獎
■（左圖左起）與廣告系指導老師吳岳剛、李佳潔、黃詩涵與張祈君、王惟芬、石紋綺時刻。

食物冒險篇 〔金〕
學校：政治大學 廣告系
指導老師：吳岳剛
得獎學生：黃詩涵、李佳潔、張祈君

找理由篇 〔銀〕
學校：政治大學 廣告系
指導老師：吳岳剛
得獎學生：王惟芬、王瑜珠、石紋綺

〔銅〕
學校：崑山科技大學 視訊傳播設計系
指導老師：顏皓珂
得獎學生：林志洋、侯孟廷、謝子盛、黃依璇

影印機篇 〔銅〕
學校：高雄應用科技大學 文化事業發展系
指導老師：吳岳平
得獎學生：吳沿平、呂湘馍、周梓雯

辣椒篇、珠寶篇（上圖）、隨身諜篇 〔銅〕
學校：土木英高中 廣告設計科
指導老師：李建志
得獎學生：莊靜怡

百吃不厭、百玩不倦（上圖）、百看不厭 〔銀〕
學校：稻江高中 美工科
指導老師：秦玉英
得獎學生：洪福茹、蔡思宇、金佳睿

還台灣（MAD IN TAIWAN）〔金〕
學校：政治大學 廣告系
指導老師：邱棣偉、凌鉻
得獎學生：黃正嘉

地震年輕（上圖）、蛻變 〔金〕
學校：台中技術學院 商業設計系
指導老師：李新富
得獎學生：黃玉婷

出境入境篇 〔銀〕
學校：雲林科技大學 視覺傳達設計系
指導老師：林芳穗
得獎學生：張錦輝

台灣的夜空 〔銅〕
學校：銘傳大學 商業設計系
指導老師：卓昌正
得獎學生：陳姿妤、高郁雯

最佳學生平面廣告獎大專組得獎作品

■今年指導老師吳岳剛（右圖左起）與盧岩平、廖俊民，其學生入創作品最多，巧妙的是他們三人同是文化大學美術設計系的同學。

文編／林秀蓉　主編／楊靜怡

HiNet

多P派對？

拉多P一起上HiNet，更*High*！

「有什麼能像開派對一般，讓你這麼樂此不疲？」
拉多人一同申裝HiNet ADSL，讓你有拿不完的回饋贈禮。 :D

中華電信　中華電信網址：www.cht.com.tw
HiNet網址：www.hinet.com.tw

ADSL

中華電信ADSL：多P篇、群交篇

作者：楊士慶

獎項：2004 時報廣告金犢獎，金獎

　　這兩則廣告是在銷售中華電信的ADSL寬頻網路，所使用的隱喻是「ADSL把熟稔的朋友串連在一起，就像玩多P一樣」。在語文中，這個隱喻其實沒有很貼切，因為多P是一時的狂歡，ADSL的串聯的友誼是比較長遠而「和緩」的交情。然而，就像我在書中一再提到的，隱喻廣告的優劣包含隱喻和廣告表現兩個部分，這則廣告妙就妙在多P這個不怎麼好演的概念如何含蓄又有創意的呈現出來。

　　在這裡多P是透過戒指轉喻，廣告的圖像只呈現多P，中華電信的概念是透過文字附加上去的（副標「拉多P一起上Hinet，更High」），所以在表現形式上這是一個圖文隱喻。從這兩張作品可以看出圖像設計的威力，也可以看出廣告隱喻在「隱喻適切性」上，比語文的寬容度來得大。

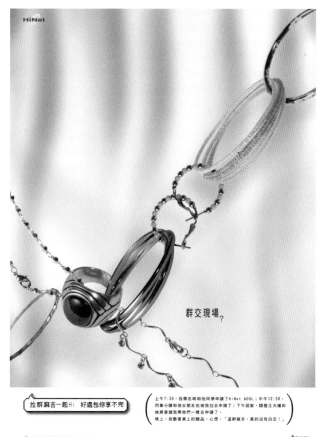

水土保持：時鐘篇

作者：全明遠

獎項：2003 時報廣告金犢獎，金獎

　　如果電視媒體上的隱喻，「結合」真的不像平面媒體來得常見，那麼可能的原因之一，就是動態影像的結合，在技術上遠遠比靜態影像來得複雜。拿卉君他們的「夜市像遊樂園」或者「搖珍珠奶茶像在坐雲霄飛車」來說，想要「表演」出來，不是單一格畫面做好就可以，需要有適當的場景。這些要用到3D特效，常常需要外包給專業的公司，超出一般學生的能力範圍。

　　全明遠這支廣告最大的特色，就在適時、適切的使用動畫的技術，讓時針、分針分別與灑水器、鏈鋸巧妙的結合在一起。因此，觀眾是「親眼看到」（而不是依賴語文知道）兩個相提並論的事物是什麼。這，本身就是一個很特殊的處理經驗。

　　此外，時針＼分針與種樹＼砍樹之間適切而有系統的邏輯關聯性扮演重要角色。種一棵樹需要60年，如同時針走一圈需要60分鐘；砍一棵樹只要1分鐘，就像分針走一圈只要時針的1/60。透過我們熟悉的時針和分針，砍樹和種樹之間抽象的關聯性，成為具象的生活經驗。十分具有說服力。

　　這支廣告，兼具隱喻和表現形式的創意，是難得的佳作。得金獎，實在不叫人意外。

（這個作品是我在台灣科技大學開的「廣告設計」課程裡，全明遠的期中作業。）

影部：一根木條，上面有許多灑水器，正在灑水。灑了水的地方，綠色的草皮就長了出來。

聲部：蟲鳴鳥叫聲。

影部：來了一根鏈鋸，掃過畫面，剛剛長出的草皮四處飛濺，留下一片光禿禿的泥地。

聲部：鏈鋸聲。

影部：灑水器繼續灑水，草皮繼續生長。

旁白：一棵樹木成長到大，需要60年。

影部：鏈鋸又來了，草皮又四處飛濺，留下一片光禿禿的泥地。

旁白：砍一棵樹，大約只要一分鐘。

影部：同上，灑水。

旁白：植樹的速度永遠跟不上砍伐的速度。

影部：同上，鏈鋸。

旁白：現在全世界的原始森林，正以每年120個足球場的面積消失。

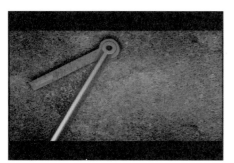

影部：同上，鏈鋸。

旁白：我們應該重視這個問題，拿出行動來支持保育的工作，

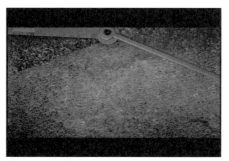

影部：鏈鋸再掃過來，不過這次變成灑水器，灑過之處，開始長出綠地。

旁白：讓我們把森林還給地球吧！

影部：Logo浮現

4A自由創意獎

高中牽手搶兩金　政大兩牽都起手

2008
主辦單位：自由時報・4A（台北市廣告經營人協會）

記者張詠淇／台北報導
記者陳奕全／台北報導・攝影

學生組電視金獎

3百多張圖稿 完成10秒影片

國立政治大學廣告系榮譽作品。王惠琳、郭念昱、陳文宣。「打字篇」以同樣在上層中敲打的數位大眾，利用原位去民眾意的心，透彫求原作有誠意表示，創意不但庄芳在用一張一張的圖呈現出來，共畫了百多張圖，才完成10秒多的影片，但證明了雖技術不好，只要有創意還是可以成功。

打字篇

學　校：政治大學廣告系
指導老師：紐念慈、王惠琳、郭念昱、陳文宣

高中組平面金獎

千個創意挑眼界

高中組動動腦

4校動動腦 千個創意挑眼界

自由創意獎

大專組平面金獎
保特瓶喻飛魚
鹽馬鈴薯像梅乾

銘傳大學商業設計系學生的這件作品，想藉一件金獎作品，希望能成為你生活的一部份，柚子節的篇、飛魚祭，從原住民和客家族群的日常生活出發，將這些符合環保概念、例如環保的鹽馬鈴薯像梅乾，保特瓶喻飛魚，採用的影像是原住民的捕魚、像隻鮫柚子的鹽廷表示，在創意發想時也、老師不斷給他建議、也會不斷教他回想，一直到很後來才定案，而為了怕作品受市場上的廣告影響，所以盡量不去看報章雜誌廣告，以免被受影響。（文／張詠淇）

銅　包裝水‧迷湯篇、縮水篇（上圖）

學　校：台灣藝術大學
　　　　視覺傳達設計系
指導老師：卓眾正、黃健宏
得獎學生：蔡晴國、金益昇

最佳學生平面廣告獎大專組得獎作品

銀　拜拜不燒金‧心誠一樣靈
天官篇、地府篇（上圖）

學　校：銘傳大學　商業設計系
指導老師：呂英齡
得獎學生：劉怡君、楊珮秀

金　讓它成為你生活的一部份
飛魚祭篇（上圖）、柚子節篇

學　校：銘傳大學　商業設計系
指導老師：卓展正、王開立
入圍學生：蘇恩廷、余淑吟
　　　　　羅思廷、游佳瑜
　　　　　邱思維

最佳學生視覺設計獎得獎作品

銅　吃我吃我

學　校：大葉大學
　　　　計系
指導老師：廖偉民、馮偉中、黃顗
得獎學生：江曼玉、陳欣怡、林欣怡
　　　　　張嘉豪、戴菱君
　　　　　蘇怡安、黃玨娩

銀　隨手一關

學　校：台灣藝術大學
　　　　視覺傳達設計學系
指導老師：原來
得獎學生：張嘉豪、周俐伶
　　　　　張馨綺

最佳學生平面廣告獎高中組得獎作品

銅　公車遲到獎

學　校：萬泰中學
　　　　廣告設計科
指導老師：劉杰
得獎學生：侯家豪
　　　　　楊懿強

銀　雜草篇（上圖）、用紙篇

學　校：復興商工　廣告設計科
指導老師：游昭文
得獎學生：潘慧鈞

金　地球篇（上圖）、大樹篇

學　校：崑山中學、光華女
　　　　中、長榮中學、台南
　　　　女子學院（專三）美
　　　　工科
指導老師：波鈴
得獎學生：黃容衣、黃怡專
　　　　　邵詠翔、馬詠慈
　　　　　楊靜惠、陳孝慈
　　　　　沈婷婷

時報廣告金犢獎

YOUNG
TIMES
ADVERTISING
AWARDS
2004

金犢獎

平面廣告類—大專組

多 P 篇/群交篇

作品

台灣科技大學

商業設計系
學校‧科系

楊士慶

創意小組

吳岳剛
指導老師

主任委員

時報廣告金犢獎

YOUNG
TIMES
ADVERTISING
AWARDS
2003

金犢獎

電視廣告類

鍾
作品

台灣科技大學

工商業設計系
學校·科系

全明遠、呂仲耀

張朝陽、周哲宇

魏銘信
創意小組

吳岳剛
指導老師

張金石

主任委員

國家圖書館出版品預行編目資料

隱喻廣告：理論、研究與實作／吳岳剛著. 一 1
版.一臺北市：五南，2008.11
　　面；　公分.
ＩＳＢＮ: 978-957-11-5439-8（平裝）
1.廣告學
497　　　　　　　　　　　　　　97021045

1ZAS

隱喻廣告：理論、研究與實作

作　　者 － 吳岳剛(66.6)

發 行 人 － 楊榮川

總 編 輯 － 龐君豪

主　　編 － 陳念祖

出 版 者 － 五南圖書出版股份有限公司

地　　址：106 台北市大安區和平東路二段 339 號 4 樓

電　　話：(02)2705-5066　傳　　真：(02)2706-6100

網　　址：http://www.wunan.com.tw

電子郵件：wunan@wunan.com.tw

劃撥帳號：01068953

戶　　名：五南圖書出版股份有限公司

台中市駐區辦公室 ／ 台中市中區中山路 6 號

電　　話：(04)2223-0891　傳　　真：(04)2223-3549

高雄市駐區辦公室 ／ 高雄市新興區中山一路 290 號

電　　話：(07)2358-702　傳　　真：(07)2350-236

法律顧問　元貞聯合法律事務所　張澤平律師

出版日期　2008 年 11 月初版一刷

定　　價　新臺幣 500 元

待續